理直气壮爱自己 下

陈海贤 著

孟令戈
赖穗娴 编绘

NEWSTAR PRESS
新星出版社

目　录

Chapter 23　不安全依恋：爱为何会变成牢笼　1

Chapter 24　关系的三角化：痛苦的"夹心人"　12

Chapter 25　都是你的错：我们为何互相指责　22

Chapter 26　都是我的错：我们为何会自责　32

Chapter 27　关系的纠缠：亲密关系如何伤害人　43

Chapter 28　课题分离：如何解决关系问题　53

Chapter 29　自我发展的三个阶段：如何变得更成熟　65

Chapter 30　新关系：关系是如何进化的　77

Chapter 31　转折期：逆境也是新机会　88

Chapter 32　结束：如何脱离旧自我　100

Chapter 33　迷茫：如何孕育新自我　113

Chapter 34　重生：如何重建全新的自我　125

Chapter 35　职业转变：如何应对职业变动与转型　137

Chapter 36　关系转变：如何应对关系的结束　149

Chapter 37　转折期选择：选择的标准是什么　160

Chapter 38　创伤后成长：如何重建意义感　171

Chapter 39　故事：如何赋予经历意义　183

Chapter 40　英雄之旅：自我是如何进化的　195

Chapter 41　人生阶段：如何突破自我中心　207

Chapter 42　青春期：如何确立身份认同　217

Chapter 43　成年早期：如何建立亲密关系与职业认同　230

Chapter 44　中年期：如何应对中年危机　247

Chapter 45　老年期：如何整合自己的人生　264

Chapter 46　自我发展：一条不断延伸的路　274

Chapter 23

不安全依恋：
爱为何会变成牢笼

你已经知道了，自我是关系的产物。
那么，自我发展的核心问题，自然也发生了转变。

个体如何创造新经验

如何构建有利于自我发展的新关系

什么样的关系最有利于自我发展呢？
我的答案是——

一种自主的、有选择的、能对自我负责的关系。

这种关系有两个特征，现实中却都很难做到：

一、不易受他人情绪影响，能自由做出选择。

二、不会被某段关系中的角色困住，能不断探索新关系，发现更多自我可能性。

可在现实中，我们经常会被他人影响，会在不健康的关系中纠缠不清。
今天我们要探讨的，就是其中一种不健康的关系——"不安全依恋"。

Chapter 23 不安全依恋：爱为何会变成牢笼

按照惯例，先讲个故事吧。

我 4 岁那年，曾被接到外婆家生活过一星期。
那几天，我常常等在院子门口，对着妈妈归来的方向望眼欲穿。

喏，那是不是你妈妈？

我扑向妈妈，结果狠狠摔了一跤，磕断了两颗门牙。
这饱含深情的一幕，蕴含着人类共同的经验。

你会不会很理解我当时的心情？
情感能使人们彼此共情，让我们相互理解。

可如果和他人情感太紧密，我们将过于沉浸其中，难以发展出自己的感受。

这，就是"感觉混淆"。

"感觉混淆"和"不安全依恋"又有什么关系呢?

依恋,是人类最强烈、最基本的情感。

亲子间强烈而又紧密的情绪互动,让二者仿佛成了不可分割的整体。

可如果作为依恋对象的父母,本身有很强的不安全感,会发生什么呢?

孩子会将这份不安的感觉混淆成自己的。

"不安全依恋"正是一种自我和他人的"感觉混淆"。

Chapter 23 不安全依恋：爱为何会变成牢笼

北欧的心理学家通过研究婴儿对父母的反应，发现了三个典型的场景。

场景1：父母逗婴儿，婴儿开心享受。

场景2：父母专注自己的事情，婴儿安心地独自探索。

场景3：妈妈因吵架心情不好，婴儿感受到不安。

看，依恋其实是一个情感通道，无论安全感或是不安全感，都会被无差别地传递给孩子。

妈妈你哪里不开心？

没有啊！
（她怎么察觉到的？）

你有！

在紧密的依恋关系中，孩子更敏锐、更易吸收父母的不快乐。这会给孩子带来很深的不安感。

"不安全依恋"的负面影响不只是不安。
如果孩子吸收了太多家长的焦虑,他将更可能失去对探索的兴趣。

极端情况下,孩子甚至会错把这份焦虑当作自己的责任,因无法解决父母的焦虑而苦恼自责。

只要我对自己好一点,脑海中就会浮现妈妈忧郁的脸。

今天的来访者小鱼,正为"不安全依恋"的余波所苦。

Chapter 23　不安全依恋：爱为何会变成牢笼

小鱼学历高，工作稳定，却经常不开心。
交谈后我发现了症结所在：

一想到妈妈可能正过得不开心，
我就怎么也……

原来，童年时妈妈在耳边倒的苦水，至今仍然影响着小鱼。
于是，我决定请来小鱼的妈妈。

不用为我担心，现在已经好很多了。

你在说谎，你在骗自己！

小鱼误以为，她比妈妈更懂妈妈的感觉。

过于紧密的"不安全依恋"，让小鱼混淆了自己与母亲曾有的痛苦。
她把母亲的焦虑当成自己的，难以发展出独立感受。

"不安全依恋"会阻碍自我的发展，它究竟是怎么做到的呢？

第一，当父母的问题抢占了太多注意力，我们很难继续好奇地探索世界、发展出独立技能。

听到爸妈又吵架了，我就开始拖延起来……明明就要大考了……

"不安全依恋"会将人的注意力拐到不安全关系上，可能导致拖延。

第二，不安全感的存在，容易引发情绪敏感。这可能导致我们会错误地去为别人的情绪负责。

万一他们不开心，就是我的错。

童年时的不安全感令我们习惯于察言观色。

错误的归责会带来很大的精神负担，令人际关系过分复杂。

第三,"不安全依恋"容易导致亲子间关系过度紧密,令孩子很难发展自我。

越是不安,孩子会越黏着家长,难以离家独自建立新的关系。

别忘了,前面我们提到过:自我是在关系里发展出来的。

如果没有更丰富的关系,孩子很难发展出丰富的自我。

活在别人的感受里,孩子容易忽略自己的感觉和需要。

总之,"不安全依恋"会抢占注意力、引发情绪敏感,还可能让亲子关系过度紧密,从而阻碍自我的发展。

和父母的依恋关系，像是我们人际关系的一个模板。它决定了我们的人际关系风格。

与父母的依恋关系，决定我们如何看待他人、与他人相处。

它还指引着我们，如何在靠近的渴望和被抛弃的焦虑间寻找平衡。

如果你已经在依恋关系中有了很多不安全感，那么请允许我送上一个不成熟的小建议：

尝试新的关系，建立新的经验。

我们得带着依恋的焦虑，一点点尝试接近和信任别人，然后在安全的关系中慢慢塑造新的经验。

Chapter 24
关系的三角化:
痛苦的"夹心人"

Chapter 24 关系的三角化：痛苦的"夹心人"

你有没有注意到一个奇特的人际现象？
比较稳定的关系，都是三个人组成的。

三人关系是一种常见的人际现象。

三人关系之所以比两人的更稳定，是因为第三个人的存在能有效帮助关系保持平衡。

你爸整天不着家，儿子你说是不是这样？

我觉得……

三角关系，是指矛盾双方避开直接冲突，引入第三方来消减两人间的情感张力，让关系恢复稳定。

但如果第三方一直担任调解工具的话……

这个被"三角化"的人，会把别人的矛盾和情绪当成自己的。这种关系模式，就是"关系的三角化"。

13

其实，三角化的关系是很普遍的。
有些发生矛盾的父母，会通过贬低孩子来打击对方。

还有一种情况，父母打着爱孩子的名义，对另一方提要求，令对方难以反驳。

除了父母和孩子以外，婆媳间也会存在三角化的关系。

看，家庭内部处处都是三角化难题。

职场中也存在三角化的关系，比如经典的"办公室政治"。

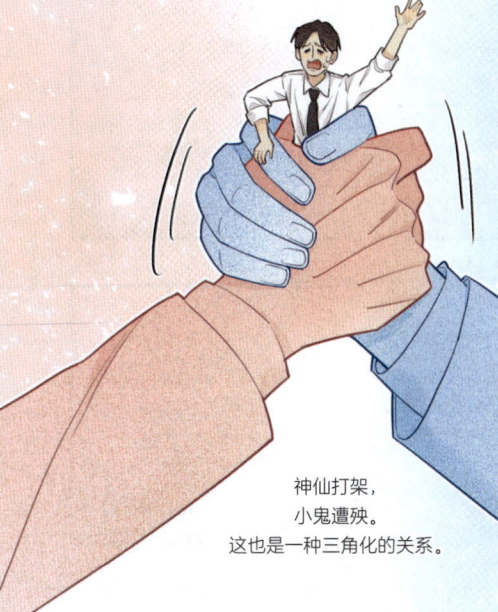

神仙打架，
小鬼遭殃。
这也是一种三角化的关系。

在我们可能尚未察觉到的时候，三角化的关系已经或轻或重、或多或少地出现在了生活里。

你是三角化关系中他人的"拳击手"，还是被三角化关系中的"拳击手套"？

"被三角化"的人，很容易产生巨大的情感张力。这可能引发一些精神问题。

三角化的第一个问题，就是容易让我们产生防御性的隔离。

这俩啥关系，咋不说话呢？

我很想亲近爸爸，可想起妈妈对他的恨……

我跟妈妈也没话说，但我总觉得不能背叛她。

防御性的隔离，是"被三角化"的人无奈的自保。他们为了回避矛盾，不得不压抑对矛盾双方的情感。

干脆离爸妈都远一点，这样我就不会被卷入他们的矛盾。

"被三角化"的人开始疏远自己的真实情感，这让三个人都陷入孤独当中。

Chapter 24 关系的三角化：痛苦的"夹心人"

三角化的第二个问题，是扭曲我们的情感。

妈妈，你为什么踢爸爸？

别抓爸爸，妈妈是开玩笑的！

妈妈，你是真的在和爸爸开玩笑吗？

是呀，你怎么抓爸爸呀。

对不起，爸爸。

爸爸原谅你，但你为什么要抓我呢？

我太生气了。

在三角化关系里，一旦第三方做出了站边选择，那么情感便不再属于他们自己。

女儿站在妈妈这边，顺从她，压抑了对爸爸的爱。

当情感被关系裹挟，成为关系的工具时，我们会难以自由发展属于自己的情感。

17

三角化的第三个问题,是让我们感到内疚和自责。

都是我的错,是我没做好……

被三角化的人会误把他人的矛盾当成自己的问题,陷入本不应有的沮丧和痛苦中。

莫瑞·鲍恩
（Murray Bowen）

家庭治疗大师。发明了"三角化"的概念。

"所有的精神疾病,究其本质,都是三角化的问题。"

三角化普遍存在,但我们不能把它当成常态。长期处于三角化的关系中,人会很容易生病。

那么,怎样解决"关系的三角化"问题呢?

举个例子，父母吵架之所以影响孩子的心理健康，根本原因正是在于三角化的关系。

担任"桥梁"这一压抑的角色，对小云来说是家常便饭。

你跟你爸爸说说……

我是爸妈的桥梁么？

可"桥梁"的最大问题就在于：它是固定的，它没办法找自己的路。

要是我离开，"桥梁"两头就会化为"孤岛"。到时候爸妈……

我提醒小云：也许"桥梁"的离开，反而能够让两座"孤岛"去面对彼此，彻底解决冲突。

无论他们和好还是分开，那都不是你的责任。

小云默默点头，"桥梁"终于结束了她的使命。

要解决三角化问题，我们得先检查自己在关系中的角色。

被别人三角化的一方，要学会自己直面冲突，别拿他人当缓解矛盾的工具。

被三角化的一方，要勇敢告别"桥梁"角色，重建属于自己的情感关系。

我不想卷入你们的战争了。

让我们回到单纯的父女和母女的关系吧。

无论他们怎么解决矛盾，无论你有多么关心他们，请记住，这不是你的战争。

Chapter 25

都是你的错：
　　我们为何互相指责

Chapter 25　都是你的错：我们为何互相指责

除了不安全依恋和三角化这样的"感觉混淆"，在关系里，我们还存在着"责任混淆"。

接下来要讲的是一种典型的责任混淆，我将它命名为"都是你的错"。

当"都是你的错"出现时，我们会不自觉地逃避自己的责任，认为所有问题都是别人主导关系的结果。

这种讨论对错、相互推责的沟通方式之所以产生，原因就在于——从个体的视角看问题。

当两人关系出现问题时，我们常会从个体的视角出发，把关系中出现的问题归因在某一方的个性上。

员工不听领导的，似乎是因为员工太散漫。

简单的归结因果很容易让我们关注"都是谁的错"，纠结谁该为结果负责任。

我们已经连续一年没准时下过班了！

对啊，上这个班真的好累啊！

我分配给你们的工作都是能在正常 8 小时内做完的。

Chapter 25 都是你的错：我们为何互相指责

25

仔细想想就会明白，讨论对错的沟通方式，其实存在很大的漏洞。

关系中对与错的标准，常常是"你顺不顺我的意"。

这个对错的标准，本质上是一种"应该思维"。

"应该思维"让我们想控制他人，和自己达成一致。但这并不现实。

如果把视角从个体上升到关系整体，我们会发现，冲突双方其实构成了一组"循环因果"。

不平衡的情感需求令关系难以健康发展。

丈夫想休息，恢复精力，让对方感到不安。

妻子情感需求高，招来对方不满。

可见，跟着个体视角下的"应该思维"走，建立出来的对错标准，压根不靠谱。不信？看个案例。

Chapter 25 都是你的错：我们为何互相指责

我的朋友阿岚对老公和孩子十分不满，她发现全家似乎只有自己在意孩子的成绩。

你管管孩子，她该好好学习了！

你听妈妈的，好好努力。

都是老公不会教的错，孩子的成绩变成了我的责任！我太累了！

你是为了理想，把自己燃烧成了光和热。

阿岚认为她没有选择，是被老公和孩子逼成了这样；而我在暗示她，她是主动选择这么做的。

只有我一个人觉得，孩子应该要好好学习吗？

很遗憾，这似乎只是你给自己规定的责任。

每个个体对责任都有不同看法，这才是关系中的常态。用"应该思维"去纠结"都是谁的错"，只会让关系受伤。

个体的视角容易导致相互指责，令冲突升级。那么，我们该怎么用关系的思维看待责任问题呢？

在关系里，其实没有什么明确的因果和对错，只有行为的相互影响和塑造。

室友 A 认为：居住者应保持寝室整洁。

室友 B 看 A 干得很好，便乐得清闲了。

有人要问了，出现问题如果不聊对错，我们该怎么确定由谁来做出改变，解决问题呢？

唯一的办法，就是把注意力放回自己身上。

要真正解决这一类"责任混淆"，我们得试着只关注自己应该承担的责任，不管他人和结果。

Chapter 25 都是你的错：我们为何互相指责

我经常在咨询室里遇到关系出问题的夫妻，双方吵得不可开交，本质上就是相互推责。

都是你的错！

明明是你……

缓一缓，罗列对方的错误，不太能解决问题。

明明是他／她的错！我又没问题！

我告诉他们：关系里没有对错，也没有好人坏人。
相互指责、负面强化，让他们共同成为关系模式的受害者。

我是可以改，但他……

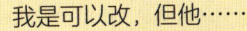

我跟别人说话都好好的，就她……

我 OK，只要她更温柔点……

我早说了，遇事该从自己身上找原因！

他们虽然换了各种奇奇怪怪的说法和形式，可仍然还在继续表达"都是你的错"。

对方改不改是他／她的事，我们得把目光集中在自己身上。

你怎么做，是你唯一能控制的事情。
明白这一点，才是我们解决责任问题的钥匙。

29

Chapter 26

都是我的错：
我们为何会自责

Chapter 26 都是我的错：我们为何会自责

"责任混淆"分为两种，"都是你的错"和"都是我的错"。

都是你的错　　　　都是我的错

"都是你的错"，要求别人为我们的感受负责，逃避我们在人际关系中的责任。

"都是我的错"是我们想要为别人的感受负责，承担本不应承担的责任，令自己活在不必要的内疚中。

也许你会奇怪，怎么会有这么傻的人？但其实，这种思维偏差普遍存在。

我曾在一次心理沙龙中，遇到过像这样"苦他人所苦"的人。

> 我朋友得了抑郁症，却不肯做心理咨询。我该怎么劝她呢？

> 你已经尽力了，只能尊重她的选择。

> 可作为朋友，我怎么能袖手旁观呢？

这位女生对朋友的抑郁负有内疚感。
她在同情朋友的同时，也对这段友谊关系做出了一个假设：

> 我很重要，重要到能影响朋友的决定，甚至对她的人生负责。

> 她的出发点是好的，可这种想法真的合理吗？

Chapter 26 都是我的错：我们为何会自责

心理学上有一个著名的"流浪猫效应"。
这个名词的主角，是一位非常善良的女士。

第一天
太可怜了……带你回家吧。

第二天
可怜……

第三天
好可怜！

第四天
真是太惨了！

你可能已经猜到，这位善良的女士成为了"猫奴"。可是，她并不快乐。

我的生活被猫给整完蛋了……

助人者和求助者之间需要有边界。
如果这份助人的善意突破了边界，最终反而可能损害彼此的关系。

35

| 理直气壮爱自己(下)

在心理咨询中，"边界"是一个挺重要的词。

边界的意思是：我们需要承认和尊重彼此的独立性，各自对自己的生命负责，绝不轻易越界。

两枚鸡蛋如果挨得太近，容易鸡飞蛋打。

每个人都有亲近他人的渴望。
这种渴望，让我们希望能承担别人的痛苦。

我们拥有足够的爱心。但遗憾的是，我们能力有限。

边界是客观存在的，有时我们必须尊重彼此的边界，承认自己的限度。

Chapter 26 都是我的错：我们为何会自责

今天的来访者是一对夫妻，他们抱着"都是你的错"的思维僵持了很久，可这次的咨询却有些不同。

一回家就躺着，什么都不管！

我脚崴了，你不照顾我，还怪我不干活？！

不是的，我心情不好也会躺床上，爸爸也许是在学我。

丈夫和妻子都没有听懂女儿的话。我告诉他们，女儿其实是在说——

不要怪爸爸了，要怪就怪我。

有时，子女会把父母没能解决的矛盾当成自己的问题。这种内疚一旦成为思维习惯，将影响他们一生。

如果我再多做点什么，也许就能……

如果我更乖巧……成绩更好……

家人之间的边界，算是最难坚守的边界。
我们一不注意，就可能陷入"都是我的错"的误区。

今天的第二位来访者是一个女孩,她年轻有为,可和父母关系平平。她认为这一切都是自己的错。

不如再生个男孩……

我不要弟弟!不要弟弟!

那件事以后,爸妈的关系就一直不太好。都是我……

这种事不会由着孩子的。你只是刚巧说出了妈妈的想法。

她一条条地数自己的罪状:不该去外地上学,不该那么任性……我不得不提醒她,她改变不了父母对彼此的感觉。

我知道,我其实不能改变他们的关系,可我不想承认……

我们之所以会抢着去扛别人的责任,原因就在于:**我们宁可内疚自责,也不愿承认自己在关系中的无能为力。**

Chapter 26 都是我的错：我们为何会自责

一段难以处理的关系，往往会催生出自我苛责的应对机制。

琪琪一直在爸妈的争吵中扮演着"裁判"的角色，她就是在家庭中被"三角化"的那个人。

你眼里一点活都没有！

你就不能不吵？

好累……

为了不让爸妈担心，不让同学看笑话，她努力保持正常。可成绩无可避免地下滑，依然让她自责不已。

你怎么不怪父母，一直怪自己呢？

怪他们有用吗？

比起怪他们，我宁愿怪自己。

被"三角化"的人，常常会觉得"都是我的错"。

琪琪没法解决矛盾，便把爸妈的矛盾变成了自己的问题。她想告诉自己：我是有办法的，只是我没做好而已。

同样是"责任混淆","都是你的错"和"都是我的错",有哪些区别和共性呢?

要不是你,我早离婚了。

"都是你的错":攻击对外指向别人,会引发愤怒情绪。

都是我,害妈妈过得不好……

"都是我的错":攻击对内指向自己,会引发内疚、自责和抑郁。

当"都是你的错"和"都是我的错"形成互补时,关系里的双方会分别向着两个情绪极端发展。

每次都是你的问题!

大展宏图

都是我的错……

家庭、职场、爱情……这类互补在关系中比比皆是。

一方总是指责,而另一方默认承受,这样的关系迟早会迎来崩坏。

Chapter 26 都是我的错：我们为何会自责

我想谈谈我对边界的理解。
在我眼里，边界的含义是：

即使再亲近的人，我们也都需要面对彼此的不同之处。

有些困难，只能他自己面对和解决；有些决定，只能他自己去做。

无论对方的决定看起来有多糟糕，
我们必须懂得，每个人都只能对自己的生活负责。

如果你总是把关系的错误归到自己头上，
那也许你该提醒自己——

"这不是我的错"。

所以,别再绕弯了。

Chapter 27

关系的纠缠：
亲密关系如何伤害人

人与人之间的关系，就像一群刺猬，离得远了会觉得冷，离得近了又会互相伤害。

这种想靠近又靠近不了、想离开又离开不了的状态，就是"关系的纠缠"。

这是人们混淆了自我与他人的感觉和责任的后果，经常发生在和我们关系很近的人身上。

今天我过生日，你陪我出去玩吧！

对不起，我最近都在加班做PPT，真的没有时间……

可是今天我过生日诶！

对不起啊……

我们不是最好的朋友吗？
她为什么不能考虑下我的感受？

我只是一次没迁就她，就被拉黑名单了……

她真的有把我当朋友吗？

你看，在纠缠的关系中，人们常希望对方能想自己所想。一旦对方没办到，就当成是对自己的背叛和伤害。

Chapter 27 关系的纠缠：亲密关系如何伤害人

关系的纠缠通常有两个特点。
第一个特点，所有纠缠都包含互相加强的循环。

我见过一对父子，父亲希望我能帮忙改改他儿子的倔脾气。

每次我叫他系鞋带，他就故意把鞋带系得松松的。

催他写作业也不写，非要跟我对着干！

别玩了，你该写作业了！

就不！就不！让我再玩一会儿嘛！

看我不打你！

你越打我，我越故意不系鞋带、不写作业！

父子间的对抗，就是一种不断加强的循环，一种纠缠。

理直气壮爱自己(下)

第二个特点，所有纠缠都有形式上的对称。

我收到过一封邮件，一位女士跟我诉苦。

陈老师您好：
……我爸妈关系一直不好，我是在她的抱怨中长大的。
后来我在国外交了男朋友，妈妈也一直反对，逼我们分手……

陈老师，我妈为什么不能理解我？

我一个人在国外真的很想有人陪伴……

你妈妈期待你"听话懂事"，你让她失望了，你很痛苦，还抱怨对方。

但你又何尝不是在期待妈妈"通情达理"呢？

妈妈对女儿的期待与女儿对妈妈的期待，就是一种形式上的对称。这样的对称，在所有纠缠的关系中都是存在的。

Chapter 27　关系的纠缠：亲密关系如何伤害人

任何亲近的关系，家人、朋友、情侣、上下级，都可能出现这样的纠缠。这些关系的纠缠，最初都是从对彼此很深的好感和期待开始的。

但慢慢地，这种好感和期待就变成了对对方的要求。

你该学会自己系鞋带了！

不陪我过生日就不是好朋友！

你不听话我就不认你这个女儿！

但对方并不总能满足要求，双方就开始互生怨气，互相指责。

#%@&！

本该良好的关系，最终发展成了互相伤害。

理直气壮爱自己(下)

怎样才能不陷入这样的纠缠呢？

理论上来说，从循环中任何关于"我"的环节入手，都可以打破这种纠缠。

以前文出现的那对母女为例——

妈真的不喜欢你那个男朋友。听话，赶紧换一个。

我也不指望你喜欢我男朋友。跟他在一起的人是我，反正我不想换。

可是陈老师，这样做会不会显得我很自私啊？

如果你认为是自私，那就自私吧。

对妈妈的内疚是孩子独立的代价。

Chapter 27 关系的纠缠：亲密关系如何伤害人

其实在关系的纠缠中，人们真正害怕的是情感上的远离。

你的痛苦是因为既不愿承认母亲跟自己有差异，也不愿就此放手。

既不愿意承认你满足不了母亲的期待，也不愿意承认母亲满足不了你的期待。

你们都拼了命想把对方改造成自己想要的样子，并因为改造失败而责怪对方不配合自己。

记住，即使是最亲近的人，也会和我们有矛盾和冲突。

嗯，我明白了。

有时候，别人就是不会按我们的想法行事。承认对方跟我们的差异，并选择放弃期待，便能结束这份痛苦。

关系的纠缠，往往伴随着互相伤害。我们要如何摆脱纠缠带来的伤害呢？

首先要知道，对伤害的处理，很容易变成一种纠缠。

北大毕业的我为什么要跟原生家庭割裂关系

不知道你们有没有在网上看过这篇文章？

这个男生从北大毕业后到美国留学，再没回家。然而他还是放不下这种伤害，要用写文章的方式声讨父母。

男生很多的愤怒、控诉、攻击，都是希望父母看到他所受的伤害，向他道歉而已。

但是，期待对方道歉，也是另一种形式的纠缠。

Chapter 27　关系的纠缠：亲密关系如何伤害人

如果我们一直等着某个道歉，就等于一直把自己放在受害者的位置，不停暴露自己的伤口，来强化对方需要道歉的理由。

可是，这个男生要花多少时间守在这段关系里，等待这个道歉呢？

也许，永远等不到。

那么他要如何摆脱纠缠带来的伤害呢？

我明白，一个人心里的委屈，怎么能轻易放下呢？

但我还是想谈谈原谅的可能性。

"原谅"的英文叫 forgive。
其中的 give 不是给对方的，而是给我们自己的。

原谅
forgive

原谅，并不是强行宽恕伤害自己的人，或是不要愤怒和抱怨，而是给自己空间。

给自己空间摆脱关系的纠缠，发展自己。

或许这就是所有纠缠最终的解决之道。

Chapter *28*

课题分离：
如何解决关系问题

我们已经知道不健康的关系带来的危害，那要怎么建立健康的关系呢？

著名心理学家阿尔弗雷德·阿德勒提出了一个理论——课题分离。

阿尔弗雷德·阿德勒
（Alfred Adler）

奥地利精神病学家，人本主义心理学先驱，著有《自卑与超越》《人性的研究》《个体心理学的理论与实践》《自卑与生活》等。

阿德勒认为人际关系烦恼的主要根源，是分不清什么是别人的事，什么是自己的事。

我们总是活在别人的评价和期待中，甚至把别人的期待变成自己的期待，把别人的情感当作自己的情感。

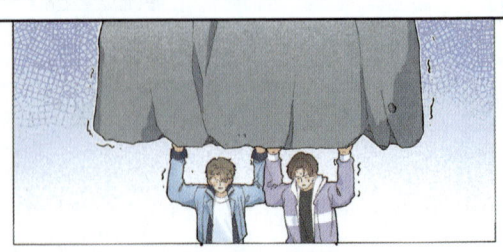

课题分离教我们区分，什么是你的课题，什么是我的课题。

我只负责把我的课题做好，而你只负责把你的课题做好。

那要怎么判断一件事是谁的课题呢？
看行动的直接后果由谁来承担。

谁承担直接后果，那就该谁负责。

加油！相信你自己！
你可以的！

好！

自我的边界将通过这种区分确立起来，
让自我发展逐渐走向成熟。

理直气壮爱自己(下)

其实，很多让人头疼的人际关系难题，都可以用课题分离的思路来解决。

比如——

第一种难题，很多人不知道怎么表达自己的需要。

好烦啊！我室友每天都玩游戏到凌晨，害我失眠好久了。

你为什么不直接跟她说呢？

我们总是依据想象中别人的回应和看法，来决定是否表达自己的真实需要。

其实她人挺好的，经常帮我带外卖，我不好意思……我怕她生我的气。

这是两码事，你应该坦诚点。

她应该能理解的，你不是在备战考研吗？

实际上，"表达需要"是我们的课题，别人接受或拒绝是他们的课题。我们不能把自己变成一个探测他人需要的敏感雷达，而看不到自己的需要。

Chapter 28 课题分离：如何解决关系问题

第二种难题，很多人不知道该怎么拒绝别人。

我有一位"老好人"朋友，同事总是找他帮忙。即使有些事他并不愿意做，他也不好意思拒绝。

我真的不想再当救火队员了，你说我该怎么办呢？

如果你拒绝别人，你会担心什么？

担心别人说我小气，这点忙都不肯帮。

不管你是否帮忙，别人怎么评价你，都不是你能控制的啊！

对哦！有道理！

别人怎么评价，永远都是别人的课题。因此，它不应该成为我们的行事准则。

第三种难题，很多人因为害怕失败而不敢做尝试。

我的一些来访者，经常担心自己在公司表现不好，绩效会被 HR 打不合格。

我们公司搞末位淘汰制，我太焦虑了，都没法好好工作。

因为你一直在操心 HR 的事情啊！我觉得 HR 应该分一份工资给你！

还有一些则是担心 HR 看不上他们的简历，甚至到了不敢投简历找工作的程度。

其实把简历投出去，你的课题就完成了。

判断你合格与否，那是 HR 的课题。

人们害怕失败的本质，其实是害怕别人的评价。

所以——

如果 HR 觉得你绩效不合格，你也别太难过，那是他的工作。
如果 HR 觉得你还不错，你别质疑他的决定，哪怕你觉得自己很糟。

Chapter 28 课题分离：如何解决关系问题

有人问，普通的人际交往难题能遵循课题分离原则，那家人之间呢？

虽然处理起来会更困难，但家人间更需要课题分离。

我曾遇到一对母女。
因为爸爸出门做生意，妈妈把教育女儿成才当作人生的唯一目标。

这房子地段这么好，真要低价卖啊？

我女儿上高中了，我想换套学区房陪读。

上午上课累了吧，妈给你炖了汤。

学校有食堂，妈你不用那么辛苦自己做饭。

不行，外边吃没有营养，还不卫生。

理直气壮爱自己(下)

即使女儿成年后,母亲也依然对她进行各种管教和控制。

班长,不好意思……
我妈说她不放心,非要跟着来同学会。

你怎么还不回家?
小姑娘在外边很容易遇到坏人的。

女儿对此很抗拒,母女俩经常吵架。

你能不能别老管着我,我不是3岁小孩了!

我还不是为了你好!

Chapter 28 课题分离：如何解决关系问题

后来，她们一起来到我的咨询室。

你为什么把女儿看得那么紧？

我女儿还小，还需要我。

你这么需要妈妈管吗？

我一直认为我把自己最好的东西给了女儿……

原来我早就成了她的负担。

孩子长大了总要离家。
被留下来的父母会孤单，会寂寞，会找不到人安慰。

但父母不能把自己的困难，变成孩子不忍离家的理由。

61

当然，我也遇到过那种成年子女，将不能离家的原因推到父母身上。

这位来访者的工作是家里人安排的。即使毕业了两三年，他依然和父母住在一起，接受他们的照顾。

跟单位的人相处得怎么样？

还好。

吃饭说什么工作啊！来，儿子，妈今天做了你最爱吃的糖醋排骨，快尝尝。

这样的生活表面上一切都很好，但他其实很想换个城市工作。

老师，我怎么就没有一个懂得放手的妈妈呢？

是妈妈不让你走吗？

Chapter 28 课题分离：如何解决关系问题

> 妈妈没明说，但我知道她不可能放心让我走的。

> 妈妈总是爱子女的。离家是你的课题，不是她的课题。你应该自己去争取，而不是埋怨她没有主动让你离开。

> ……

> 是的，这是我自己的事。

课题分离是没有条件的。
如果我们一定要别人先做什么，自己才能做什么，那就不是课题分离了。

归根结底，每个人都只能做好自己的事情。

我们把自己的事情做好了，把别人的事情留给别人操心，来自人际关系的烦恼和羁绊，就不会那么让我们困扰了。

Chapter *29*

自我发展的三个阶段：
如何变得更成熟

处理复杂人际关系的原则，是能够分清自己和他人的任务，完成双方的课题分离。

可仅仅分清楚了任务，并不意味着我们就能精神独立，并自由做出选择。

在人际关系中，自我的发展通常会经历三个阶段：自我中心阶段、他人阶段和独立阶段。

这三个阶段分别指什么？每个阶段又该怎么做？让我们展开来聊一聊吧。

Chapter 29 自我发展的三个阶段：如何变得更成熟

自我发展的第一个阶段，是自我中心阶段。
这个阶段的我们觉得：世界是围绕我们的自身需要运转的。

主角：我

配角：爸爸　　配角：妈妈　　配角：朋友

我们认为其他人一定是想我所想、愿我所愿，甚至会把他人的善意看作理所当然。

来，一起吃吧。

哈哈哈哈，你真上道！

可惜真相是"残酷"的：其他人也有自己的需要和想法，很多时候他们也只关心自己。

你怎么全吃了！我的呢？！

什么！原来你也想吃吗？

自我和他人之间，居然是存在差异的！
这个发现让我们感到惊奇的同时，也难免有些受打击。

67

| 理直气壮爱自己(下)

现在，我们进入了第二个阶段：他人阶段。
我们发现了和他人的差异，却把这种差异当成了要解决的冲突。

自我阶段 → 他人阶段

大家跟我想得不一样！我要解决这个冲突！

他人阶段·标志1：让他人决定我们的行为。

把自己放到被动的位置，
让他人决定我们的行为。

Chapter 29 自我发展的三个阶段：如何变得更成熟

在这种情况下，当事人可能表现出两种截然不同的态度。第一种是顺从，也就是为了别人委屈自己。

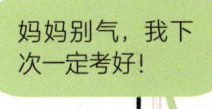

妈妈别气，我下次一定考好！

你上次也这么说！

这种顺从，本质上是为了换取安全感和爱。可这种期待有时只是一厢情愿。

当自己的顺从没能换来安全感和爱时，很多人会采取另一种态度——反抗。

快去做作业！别刷剧了！

不，我偏不！

孩子把自己当作反抗的工具。

可这种反抗，和顺从其实没有根本区别。它没有自己的价值标准，只是用反抗来彰显自己的与众不同。

为了得到表扬和爱，顺从妈妈。

为了避免期待落空，反抗妈妈。

瞧，无论顺从还是反抗，都是把自己放到一个被动的位置，让他人决定自我的行为。

举个例子,我担任实习班主任的岁月里,曾遇到过一个吊儿郎当又能量巨大的"反抗者"。

> 在座的都是哥们!不选我就不够义气了啊!

> 好耶!

班委选举

他成功当选了班长,但很多同学是因为某种压力才选的他。于是,我推翻了这个选举结果。

> 陈老师你太过分了!
> 我原本想趁读大学,洗心革面、重新做人。
> 你不让我当班长,堵死了我进步的路。
> 我只能继续堕落了。

> 我做错了吗……

不对,是他在试图让我内疚。

他把自己置于被动位置上,强调自己过得不好,让我对他的失败负责。这种想法既不成熟,也不独立。

> 我只是做了班主任该做的事。

> 你得意识到:最终为结果负责的人,应该是你自己。

"我不好"有时不仅是一种语言上的攻击，还会变成一种求帮助、求安慰的生活策略。

无论是用"我不好"来表达反抗,还是博取同情,都是把自己放在了被动的位置上。比如这个案例——

好端端的故意找事,这日子我不过了!

别急,妈帮你想想怎么办。

我总不受控制地把事情搞砸,让妈妈操心……

也许是因为,你害怕一旦过得好了,就没人愿意帮助你、照顾你了。

我的人生应该由别人负责。

把自己的行动钥匙交给别人,指望别人对自己负责,这显然不太靠谱。

他人阶段·标志2：难以容忍差异。

很难容忍自我和他人的差异，希望改造他人让彼此保持一致。

> 别家孩子都在学奥数，我们不能落后……

> 孩子现在多休息，养好心态，将来该学的时候才能保持动力！

看，这对夫妻在重要的事情上互不相让。
我告诉他们：面对差异，得想办法达成一致才能成事。

> 我觉得该报奥数！

> 我觉得该多休息。

> 要不要先看看孩子自己的想法？

> 成，买些书给他看，如果他有兴趣再考虑报班吧。

"无论有什么样的矛盾，不要让它影响我们的关系。"
如果达成了这种共识，关系双方将更能包容彼此，更能创造性地解决问题。

自我发展的第三个阶段是独立阶段。
我们不仅能分清他人和自己的课题，也能理解他人、尊重自己。

找死呢！

不好意思没看到。

我们"武哥"怎么"弃武从文"了？

成熟了呗！

阿武认为"逃避"反而是一种成熟，他很清楚：无论打还是不打，选择的自由都在自己手里。

你该不会是怂了，在找借口吧？

一介路人，不值得我认真。

别人的评价和挑衅不会影响阿武半分，他有自己的行事原则，这才是真正的成熟。

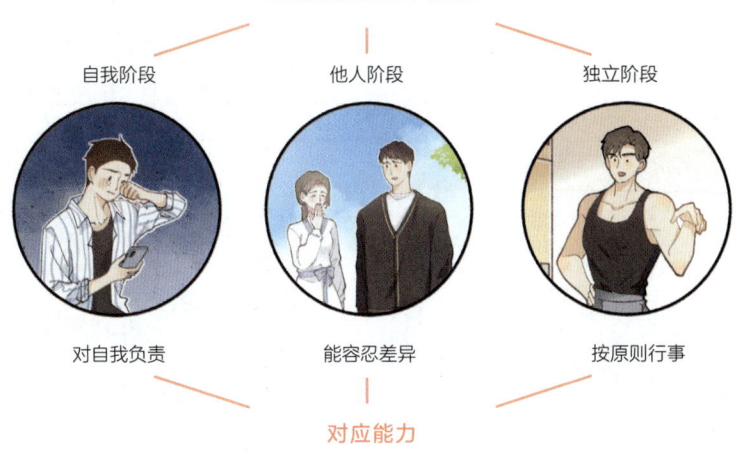

Chapter 29 自我发展的三个阶段：如何变得更成熟

自我发展的三个阶段

自我阶段　　他人阶段　　独立阶段

对自我负责　　能容忍差异　　按原则行事

对应能力

回顾自我发展的三个阶段，你发现了吗？
人际关系的准则，其实很简单。

"世上只有一种英雄主义，就是在认清生活真相之后依然热爱生活。"
——罗曼·罗兰（Romain Rolland）

我们不能让他人的态度决定自己的行动。
主导我们行为的，应该是内心的信念。

标签

我们要展现出一种主动的、自我负责的姿态，
这才是真正成熟的第一步。

就像圣人说过的一样：

"君子求诸己，小人求诸人。"

Chapter 30

新关系:
　　关系是如何进化的

| 理直气壮爱自己(下)

关于生命起源，有这样一种说法：
所有生命在很久以前，都是从同一个细胞演化来的。

细胞不断分化，演化出不同的独立个体，构成丰富多彩的生命圈。
某种意义上，人也在不断经历分化和分离。

人类的诞生正是婴儿与母体分离、成为个体的开始。
生理上的独立容易，心理上的独立却很难。

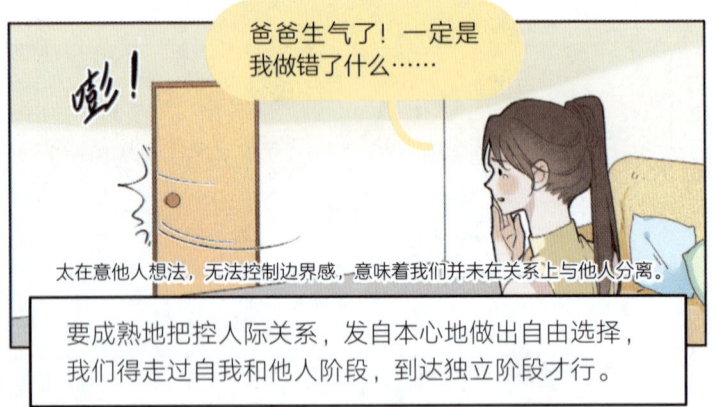

爸爸生气了！一定是我做错了什么……

太在意他人想法，无法控制边界感，意味着我们并未在关系上与他人分离。

要成熟地把控人际关系，发自本心地做出自由选择，
我们得走过自我和他人阶段，到达独立阶段才行。

自我阶段　他人阶段　独立阶段

显然，独立并不是一件容易的事。
今天我们就来聊聊，那些因独立而产生的困惑。

78

Chapter 30 新关系：关系是如何进化的

独立意味着孤独……这是真的吗？

独立确实意味着我们得在一定程度上保持孤独。

遇到麻烦或需要求助时，我们不再对他人怀有"理所当然"的期待。

哥们儿，方便帮我带个饭不？当然，带不了也正常。

他这次真的很过分……

我很想帮你，可我现在得先完成作业。

独立的人之所以孤独，是因为他们剥离了原本习以为常的用控制和期待来维持联系的方式。

孤独，也许正是人生的某种真相。

我的家人　　我的恋人　　我的孩子　　我的朋友……

他们其实并不属于我，不是我的。

世上没有人能完全理解另一个人，也没人能完全为另一个人的生活负责。

人生下一程

我们陪伴彼此经历过一程，最终还是会分开。

不过，我们大可不必因此而悲伤。
正因我们独立而自由，我们的选择才越发有意义。

领导你没必要对我这么好的，谢谢你……

你其实早就可以离职的，谢谢你的坚守。

那些人际关系中美好的东西，只有出于自愿的选择，才会成为一段佳话。

Chapter 30 新关系：关系是如何进化的

那么，独立会妨碍我们亲近他人吗？

独立不会加剧人与人的隔离。

今天的来访者老郑，正在纠结要不要干涉孩子填报志愿的事。我建议他做好课题分离，他很不理解。

儿子有困难我不帮他，是不是太自私了？

如果帮他是出于父亲的义务，是被迫的，那你有权不帮。

可如果抛开义务，你仍想帮他。那么，你完全可以自由做出选择。

即使不是"必须"，我们仍然愿意善待他人。
看，独立不仅没有制造隔阂，反而让善意回归了自发自愿的本心。

我们非得和自己的原生家庭分离吗?

独立的重点,在于自发自愿地做决定。

今天的第二位来访者阿俊,正在为毕业后的城市选择发愁。

陈老师,我还是决定回老家了。

可你爸妈的愿望,并不是你的责任。

你可以再次回家

有本书里说,**只有离开过家庭的人,才能选择回家。**

我想清楚了,回老家照顾父母就是我想做的事。

好的,一路顺风。

只有在关系中独立了,我们才能以成熟的姿态,真正自发自愿地,自主投入一段关系。

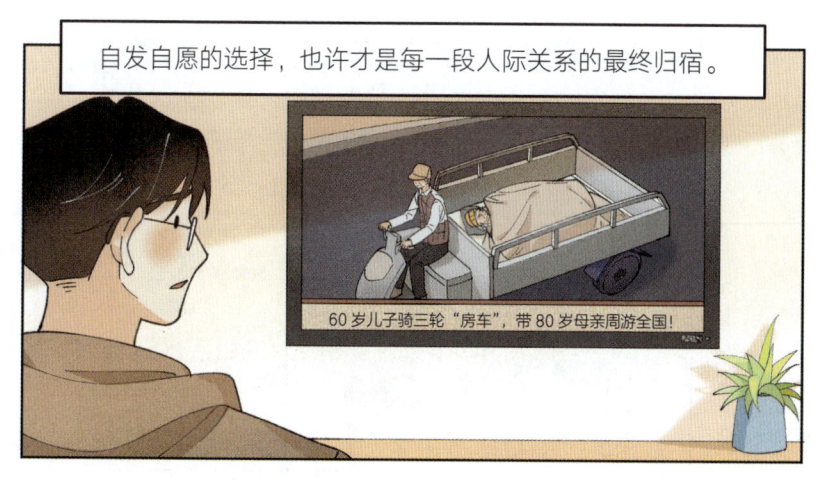

Chapter 30 新关系：关系是如何进化的

自发自愿的选择，也许才是每一段人际关系的最终归宿。

60岁儿子骑三轮"房车"，带80岁母亲周游全国！

你怎么看待儿子骑三轮车陪你周游全国呢？

这有啥，不都是一代顶一代嘛。

我们就准备一直走在路上了。

万一哪天我娘没了，她也算去得安心。

儿子的笑容里，有最朴素、最深情的关系。
谁能说这样勇敢的自主选择，不是一种独立和成熟呢？

从前，有个挺有名的画家，他一心望子成龙。

不对！透视画错了！

好的爸爸……

我不想画了！

不报艺术院校，就别想回这个家。

你辍学就干这个？跟我回去！

不！我不要再顺着你了！

无数次矛盾和争吵，都没能改变儿子的想法。

画家只能遗憾地放弃了这份期待和理想。

过了几年,画家病危。
在临终前,他终于说出了儿子想要听到的话。

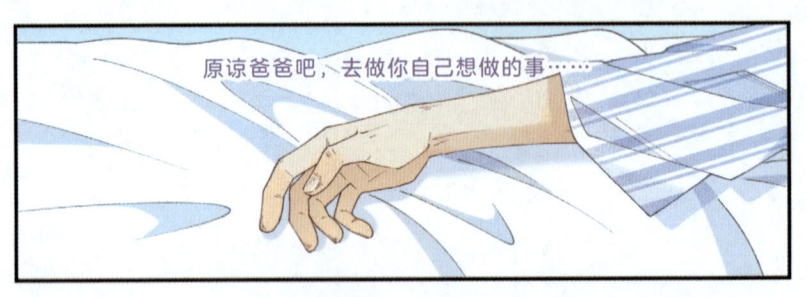

这些年是爸爸不对,不该逼你。

原谅爸爸吧,去做你自己想做的事……

爸……

后来,儿子去了另一个城市,重新拿起了画笔。
他在40多岁的时候,成了一个小有名气的画家。

关系很神奇，它会令我们迷失，
却也能让我们重新找回自己。

也许只有放下对关系的纠缠，
我们才知道自己真正想要的是什么。

Chapter 31

转折期：
　　逆境也是新机会

从这里开始，我们将用变化的视角，把自我放到改变的历程中，
继续探讨自我发展之道。

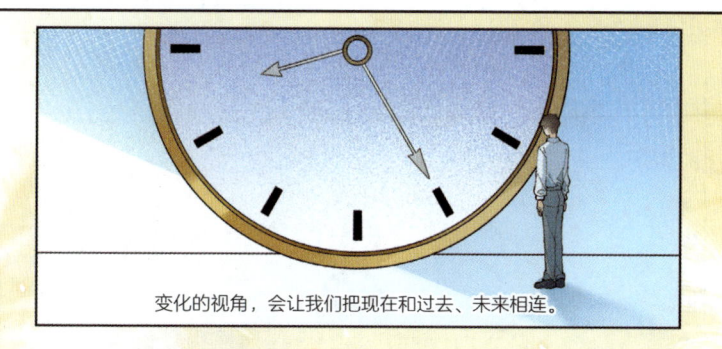

变化的视角，会让我们把现在和过去、未来相连。

在进入正题前，请你先回答一个问题：
你的人生上一次发生重要转变，是在什么时候呢？

人生开端　　　成长发展　　　迈入社会　　　成家立业

看，记忆像是一条平顺的、符合逻辑的曲线，
可实际上，自我的转变是跨越式的。

这就是转折期。

转折期的经历,很大程度上决定了一个人的人格。它对于自我发展至关重要。

馒头这么难吃,他们为什么不吃肉渣呢?

过于平顺的经历,容易令人变得肤浅。

有朝一日,我要让百姓吃饱饭。

转折期虽然曲折,却能提供自我发展的张力。

看,转折期能更新我们对世界和自我的认识,考验我们的意志和精神,给我们的自我增添新内容。

那么,转折期到底有什么样的魅力?

它是怎么对自我发展起作用的呢?

Chapter 31 转折期：逆境也是新机会

首先，它能更新我们对自我的理解。

我们习惯用静止的视角，把自己"标签化"。
可也许所谓的标签，只是转折期一时的心理状态。

自从确诊了抑郁症，我越来越糟糕……

你一定在经历人生的某些重要转变。

消极的心理状态很可能是变化的特性，而不是自我的特性。

抑郁很严重，说明这个转变过程特别重要。

抑郁时间长，也许是因为你被卡在某个转变点上了。

这就是变化发展的视角：
不是人有问题，而是转变的过程出了问题。

今天的来访者杨奶奶因为搬离了原先熟悉的房子，去了新家，不适应新的环境，从而患上了严重的被害妄想症，麻烦的是，她固执地认为自己没有病。

> 他们一定在监控我！

> 我给你开些药，吃了就好了。

> 我不吃药，连医生也要害我！

精神科医生的诊断专业合理，无奈杨奶奶不肯吃药。
这时，有人给她介绍了一位心理咨询师。

> 你现在处于一个特殊时期，你失去了原先熟悉的"旧壳"。

> 你远离了熟悉的一切，变得很容易受伤。只有长出新壳来，才会好转。

Chapter 31 转折期：逆境也是新机会

杨奶奶需要的不是一个"妄想"的标签。
心理咨询师用变化发展的视角，帮她找到了希望和出路。

把新房子装修成熟悉的样子

恢复有规律的生活

拜访老朋友，不要强求
快速交新朋友

少跟人说疑神疑鬼的经历……

案例中这个"换壳"的比喻，
正是转折期的第二个意义所在。

转折期还能更新我们对自我发展的理解。

人就像某些动物一样，成长到一定程度，便需要蜕去原本的壳。

"旧壳"指的是旧的环境、旧的人际关系、旧的习惯……

这个房子真是选对了。

自我的发展需要经历多次蜕壳，那可能会带来一些痛苦和迷茫。

但那并不是自我的问题，
只是自我发展的正常进程罢了。

理直气壮爱自己（下）

从不同角度去看自我发展，我们将获得各种各样的解答。

自我发展到底是什么？

是通过新行为，创造新经验的过程！

是通过分清"你的"和"我的"，来构建新关系的过程~

经验的视角

思维进化的视角

关系的视角

是通过接触现实，创造新思维的过程。

是通过自我的打碎和重构，从旧阶段过渡到新阶段的过程。

变化的视角

从旧到新的"转折期"是所有转变的综合体。它不是发展的量变，而是质变。

可我经历了失恋的转折期，压根没遇到更好的人！

你误会了，转变并不意味着世俗意义上过得更好。

转变的本质，不是外在的新旧更替，而是内在自我的重构。

转变及自我重构，将令我们生发出一些深沉的智慧。

我们会更了解自己、理顺和自己的关系，会变得更加坚定而无所畏惧。

对了，其实原始部落里，也存在着一些关于"转变"的神秘仪式。

这种仪式会让青年独自离开部落，到野外生存。

没有了身份、家人和部落，流浪的青年将独自面对存在本身，独自面对自我。

两个月后，青年将以新的身份重回部落。

他将抛却旧的记忆和生活，彻底蜕变成新生命。

我将以新的名字重生！

仔细想想，我们虽然没有这样的仪式，但我们都经历过这样的转变。

脱离部落，去荒野中寻找自我——

最后，以一个崭新的身份归来。

Chapter 32

结束：
　　如何脱离旧自我

Chapter 32　结束：如何脱离旧自我

自我的发展需要经历多次转折期的"蜕壳"。而转折期的心理历程，其实存在特殊的规律。

"转变要经历三个阶段：结束－迷茫－重生。"
——《转变之书》 威廉·布瑞奇
(William Bridges)

美国作家威廉·布瑞奇认为：转变总是从结束开始，经历过痛苦和迷茫，慢慢才会有新的开始。

为什么转变是从结束开始的？

因为自我的发展需要空间。

我们只有先结束、先放弃，才能为新的发展腾出空间。

可这正是转变最难的地方，旧的自我几乎代表着一个人的所有过去，谁能轻易说结束呢？

101

其实，我们对"结束"这个词，有很多根深蒂固的误解。

第一种误解：把结束当作一种终结的形式，一种事物发展的最终结果。

冬天已经到了，春天还会远吗？

在转变历程中，结束是另一种形式的开始。

第二种误解：把结束当作一种应该排除的意外，认为那不是事物正常发展的轨道。

结束包含在自我发展历程中，每个人都要经历。

Chapter 32 结束：如何脱离旧自我

第三种误解：容易把结束等同于错误。

我是不是选错人了？
也许我该改正错误，和她离婚……

可结束并不是改正错误。

只是时间让原本合适的选择变得不合适了，结束才提上日程。

结束有很多种含义：放下执念、改变相处模式……
它的本质并不是修正错误，而是顺应变化。

我们是该结束了。

结束争吵，顺应变化。

结束并非生活本身的终结。
它是告别过往的一段生活，是我们顺应变化的必经之路。

> 结束始于脱离。
> 对于结束而言，最重要的是脱离。

脱离的含义1
环境的脱离

转变发生时，我们需要脱离原本的关系和环境，脱离既定的对与错，以产生新的觉悟。

如果在一段环境或关系中，你感到疲惫沮丧，不敢思考未来，那也许就是需要转变的信号。

> 单位这么稳定，岗位待遇又好，你居然要离职？

> 我确实坚持不下去了……

如果待在原本的环境里，很可能会被告知：脱离环境错得离谱。

我该不会做错选择了吧……

可新的觉悟不会随着转变而马上出现，有时我们得先脱离原有的环境和关系，才能发现新的路。

脱离的含义 2
身份的脱离

脱离原本环境附带的角色和身份，会给自我带来新的困惑，让我们重新思考自己。

身份，是关于"我是谁"这个问题上，我们和他人达成的共识。

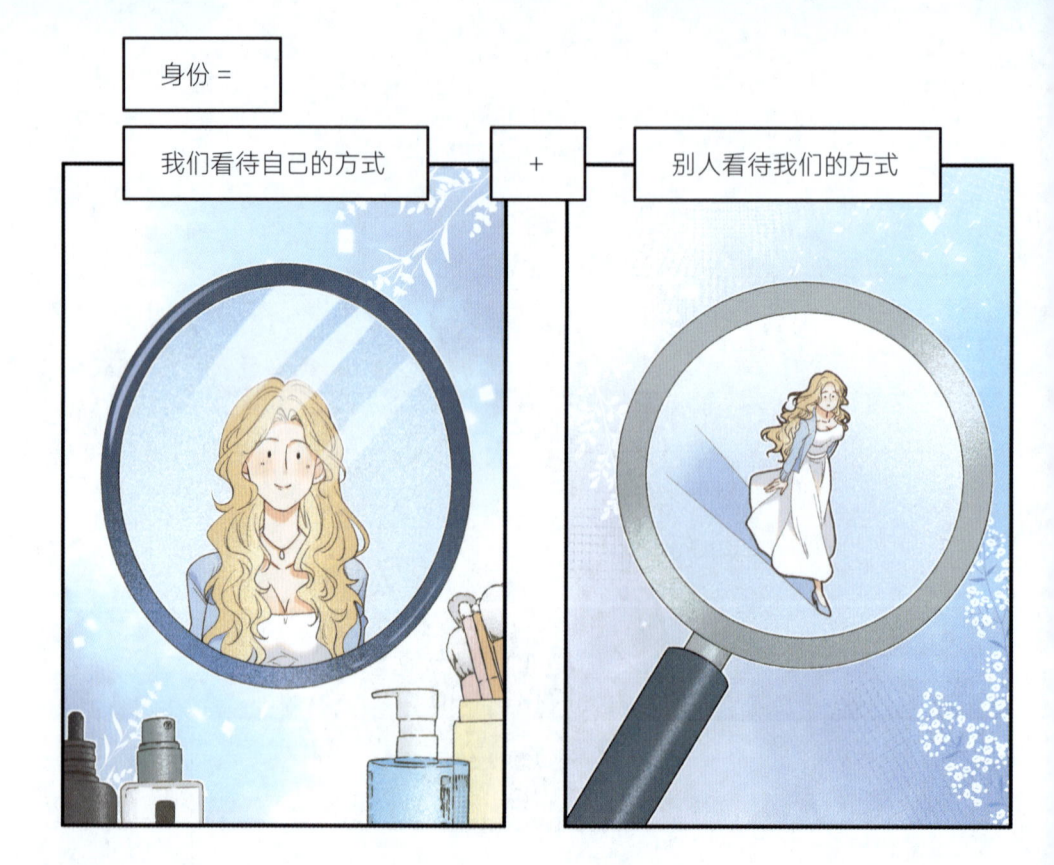

身份 =

| 我们看待自己的方式 | + | 别人看待我们的方式 |

Chapter 32 结束：如何脱离旧自我

身份的定义原本是一个稳固的"壳"。
它在限制我们的同时，也给了我们足够的安全感。

当转变来临时，这个"壳"就被打破了。

在我离开大学的职场过渡期,我发现,有一段时间我变得很心虚。

陈老师,我听朋友介绍,想让孩子找你咨询一下他的情绪问题……

你知道我已经从学校辞职了吗?

知道的。我们信任的,是你这个人。

这件事让我重新去思考:什么是身份带给我的?什么是剥离了特定身份后,我仍然拥有的自我内核。

这些自我的内核,也许更接近自我的本质。

Chapter 32 结束：如何脱离旧自我

当我们脱离原有的关系和情境时，身份的变化很容易带给我们一些困惑。

妈妈，爸爸不要我们了吗？

结束时，脱离的身份越是接近自我定义的核心身份，转变带来的痛苦就越强烈。

想开点，不是你的错！

无论再怎么找原因，我们心底都会有一个疑问：失去这个身份，是不是意味着我失败了？

是我做得不够好？

这样的疑问，不仅跟身份的脱离有关，也跟目标的脱离有关。

脱离的含义 3
目标的脱离

目标界定了我们生活的方方面面，放弃曾坚持的目标，会令我们陷入自我怀疑。

> 我太差劲了。都已经坚持这么久了，为什么不能再坚持一下？

> 放弃目标，未必是一种失败。

> 人们害怕失败，更倾向于牢牢抓着一个目标不放。目标，有时只是"我不愿改变"的托词。

> 我们甚至没空思考，目标本身到底值不值得。

> 可事实上，目标在组织我们生活的同时，也很容易让我们变得只能看到与目标相关的部分。

Chapter 32 结束：如何脱离旧自我

> 脱离目标其实意味着：
> 我们获得了一个重新思考的机会。

> 思考什么是真正重要的，重新寻找一个更有价值、让我们更快乐的目标。

> 不要结束、不想顺应变化，是一种很普遍的心理舒适区。

> 停留在一份不合适的感情中，是因为它曾给我们带来美好。

> 我们没法结束，因为我们害怕疼痛。
> 但这有时只会让事情变得更加不可收拾。

勇敢对旧的自我说出那句"结束"吧，人生没有失败，大不了从头再来。

Chapter 33

迷茫：
　　如何孕育新自我

理直气壮爱自己(下)

一次真正的结束，会给人带来一种彻底的解放感。这会让我们认为自己已经从困扰中解脱。

但其实，结束并非答案，它反而会提出更多问题。

又要找工作了……真是怕了……

我们害怕结束，也许更多是在害怕结束后的迷茫。这种迷茫源于意义感的缺失。

意义感的来源1　目标

人们通过有价值的目标，把自己的现在和未来连起来。失去目标，人容易空虚、缺少力量。

意义感的来源2　人际关系

意义感是在人际关系中编织出来的。缺少亲密关系容易令人空虚、无聊。

与原来的关系、身份、目标脱离后，我们跨入了意义感的暂时真空里，陷入迷茫。

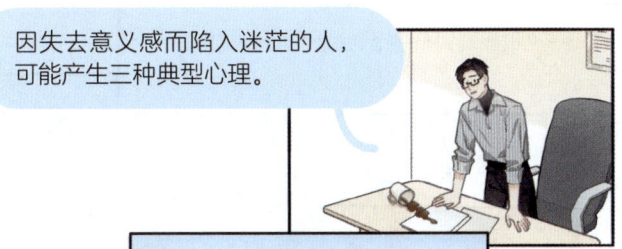

Chapter 33 迷茫：如何孕育新自我

因失去意义感而陷入迷茫的人，可能产生三种典型心理。

迷茫心理 *01*
试图回到过去

人们会以各种方式，从心理上与过去建立联系。最常见的，就是拿过去和现在作比较。

一年前

现在

要换到分公司驻点了，天呐！

不过是换了个城市，为什么我会过成这样……

因结束导致的损失，常常伴随着巨大的痛苦。而迷茫期的我们，需要去消化和适应这种痛苦。

落差太大了，我消化不了……

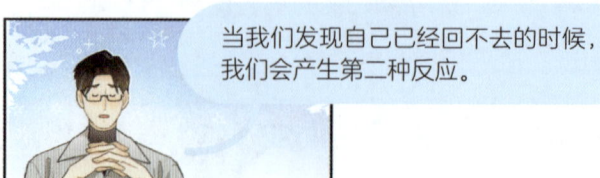

如果痛苦进一步加剧，我们甚至会想要回到过去，也就是后悔。

为什么别人都活得那么好，只有我这么折腾？

我做错了什么，必须要经历这一切？

这些想法无关心理素质的强弱，只是大脑应对结束和迷茫的方式向来如此。

回去吧，回到有意义的时光……

大脑本能地抗拒变化，想让我们重拾原本的意义。可其实，原先的意义已不适用于现在。

当我们发现自己已经回不去的时候，我们会产生第二种反应。

Chapter 33 迷茫：如何孕育新自我

迷茫心理02
想尽快结束迷茫，到达未来

今天的来访者笑笑刚经历一次不愉快的离职，她想尽快找回积极心态，重启新生活。

我不能这样下去了！一个礼拜，我要找到新目标！

你别冲动……

找工作的迷茫期让笑笑感到慌张和不适应。陷入自责的她，迅速地选择了一个新的开始。

我已经准备好了。

笑笑不停地暗示自己：我已经好了，我已经好了。

可其实，因为要躲避迷茫期，
笑笑的转变在中途就终止了。

她只是换了种形式，好让自己想摆脱的过去延续下去。

Chapter 33 迷茫：如何孕育新自我

转变有它自己的节奏，我们就是需要经历一些低落和迷茫。

我们没法略过冬天去经历春天。太过着急，反而会打乱转变的节奏。

你要允许自己难过，允许自己休息。

耐心等待，看看会不会有新变化发生。

其实，回到过去和跳到未来既没有必要，也不现实。

那么，待在迷茫中会怎么样呢？

迷茫心理 03
敏感

这种敏感,特指对美、对超越日常的精神生活、对灵性的敏感。

我记得你以前只读经济、投资这类"有用"的书,怎么看起文学书了?

迷茫期反而让我静下心来了。

当看到有人,能把我的痛苦挣扎和救赎诉诸文字的时候……

我发现,其实自己一点也不孤单。

迷茫期令她的敏感得以复苏。
她在这些伟大的文学作品里,窥探到了新的意义。

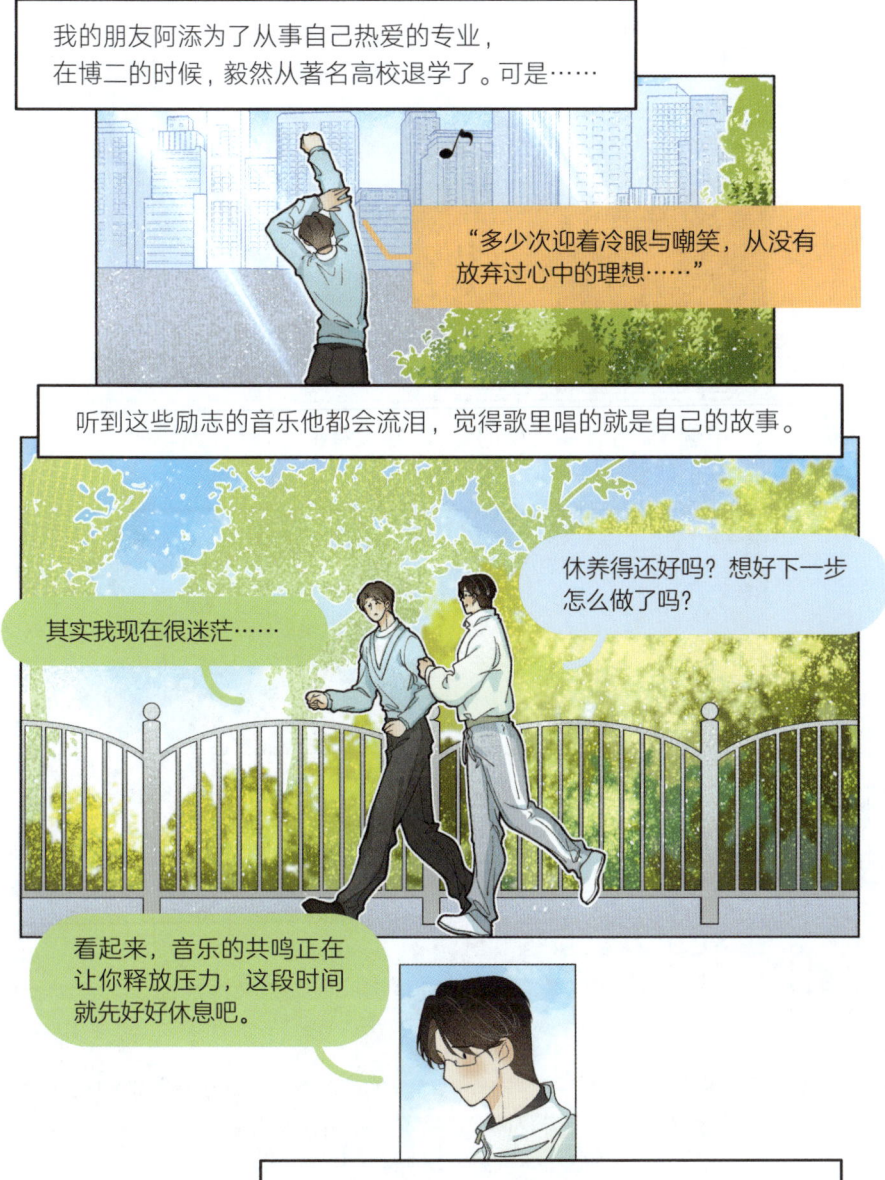

Chapter 33 迷茫：如何孕育新自我

我的朋友阿添为了从事自己热爱的专业，在博二的时候，毅然从著名高校退学了。可是……

"多少次迎着冷眼与嘲笑，从没有放弃过心中的理想……"

听到这些励志的音乐他都会流泪，觉得歌里唱的就是自己的故事。

休养得还好吗？想好下一步怎么做了吗？

其实我现在很迷茫……

看起来，音乐的共鸣正在让你释放压力，这段时间就先好好休息吧。

阿添的这种敏感，并不是简单的矫情或抑郁，它是带着通透和悲悯的，更加本质的东西。

在新旧交替的阶段,我们脱离原本的意义感,能从更本质的精神领域视角来审视生活。

与更深更广的精神领域结成联系……

迷茫像是一个平平无奇的容器,却装着特定的人生阶段,让我们能整理过去、孕育未来。

它就像是无中生有的那个"无",积蓄着重生的"有"的力量。

莱内·里尔克写过一段话——

"病就是一种方法，有机体得以从生疏的事物中解放出来；所以我们只需让它生病，使它有整个的病发作，因为这才是进步。

"亲爱的卡普斯先生，现在你自身内有这么多事情发生，你要像一个病人似的忍耐，又要像一个康复者似的自信；你也许同时是这两个人。并且你还须是看护自己的医生。但是在病中，常常有许多天，医生除了等候以外，什么事也不能做。这就是（当你是你的医生的时候）现在首先必须做的事。"

——《给一个青年诗人的十封信》
莱内·里尔克（Rainer Rilke）

病是有机体让自己康复的方式，就像迷茫是让我们重新变得清晰的方式。

《给一个青年诗人的十封信》

假如我们要为转变期的迷茫寻找一种意义，也许，这就是它的意义吧。

Chapter 34

重生：
如何重建全新的自我

前段时间，我重温了褚时健的传记，他是这个时代关于重生的典型例子。

72岁的褚时健，从商业王者的巅峰之上一夜沦落。

我想试试新行业。

该来矿业公司！

来我们卷烟厂吧！

75岁保外就医后，他拒绝了原先行业的邀请，可一开始他并不知道要做什么，所以做了各种尝试。

也许失落的人总想亲近自然吧，褚时健回到年轻时起步的哀牢山，在那里找到了新的目标。

一分耕耘，一分收获。

5年以后，这些果树就能结果了。

在他84岁时，褚橙热销全国。
当年的改革风云人物翻越低谷，成为人人钦佩的"橙王"。

这一章我们来谈谈，转折期后的"重生"。

转折期的"重生",就像大病初愈:
虽然有些虚弱,但整个人焕然一新,随时可以出发。

这种"重生"状态,在心理学里对应一个概念,叫"心理弹性"。

心理弹性指的是我们从灾难和挫折中复原的能力。

心理弹性的核心,是培养能容纳变化的思维。

① 偶然与意外

② 另起炉灶

接下来,我想从转变过程的角度出发,仔细梳理下"重生"的两个要素。

重生的第一要素
偶然与意外

有时我们会机械地看待自我发展，幻想着存在一个能修复生活的操作手册。

其实，"重生"依靠的是生命本身的创造力。真实的重生经历里，往往存在很多偶然和意外。

> 我想就橙子经营的一些事请教您……

> 橙子经营……确实有点意思。

表弟的请教令褚时健灵光一现，他最终会去种橙子，只是一个偶然的选择。

> 没想到当年种植烟草的经验，今天也能用来种橙子！

但这种偶然串联起了他过往的重要经历和资源，构成了某种必然的机会。

Chapter 34 重生：如何重建全新的自我

仔细想想，经历迷茫后，人们确实会碰到一些意外的机会。

抱歉，可以拼个座吗？

好的。

换个城市而已，我怎么就活成这样了……

上次说的项目存在一些问题……

这不就是我最擅长的东西吗？

后来，这名女性因缘际会加入了"得到"公司，辗转成了我的课程《自我发展心理学》的主编。

那时候我状态很差，可没想到机缘巧合……

像是命中注定一样。

看，我们虽然没法完全规划"重生"，但冥冥之中，它早已和我们的生命经历有所关联。

129

再举一个例子说明这种偶然和必然吧。

我的朋友老猫原来就职于一家 IT 公司，可他并不喜欢这份工作。

奇葩老板！有毒同事！我要化悲愤为码字！

唉，不打这个工，我又能做什么呢……

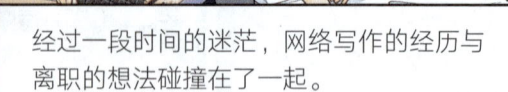

经过一段时间的迷茫，网络写作的经历与离职的想法碰撞在了一起。

我要离职，用一年时间写一本书！

老猫的书不仅畅销，而且踩上了知识付费的风口。这可真是应了那句话——

"当你全心全意地想做一件事时，全世界都会来帮你。"

——《牧羊少年奇幻之旅》

Chapter 34 重生：如何重建全新的自我

重生的第二要素
另起炉灶

另起炉灶是指，我们需要彻底剥离原本的目标，不为避开伤痛和弥补损失而行动。

说个我的亲身经历吧，离开大学时我刚好错过了分房子的机会，这事成了我的遗憾。

我总觉得应该挣钱，在那边买套新房子。

你最大的风险不是损失了房子，而是老想着把它挣回来。

结束的过程意味着脱离，这个过程很痛苦，因为它往往包含着损失。

我意识到，重生需要一种容纳变化的能力。
只有承认损失、不再惦记弥补，我们才能重新开始。

Chapter 34 重生：如何重建全新的自我

主流观念倡导我们，要从跌倒的地方站起来。可有时候，我们得学会认栽。

站起来！不要做放弃的懦夫！

不了不了，我换个赛道重来吧。

放弃并不比坚持容易，它同样需要勇气——接受损失、尝试陌生事物、选择艰难道路的勇气。

嘿呀——

大部分关于转变和重生的故事，都不是直线式的反败为胜，而是另起炉灶。

重新站在大众面前的褚时健。

和出版社编辑达成合作的老猫。

我们习惯用财富、社会地位等成就来衡量个人转变，所以可能会很难理解另起炉灶。

重生难道不应该是挣更多钱？走上人生巅峰吗？

重生的转变，是指我们内心的变化。

转变是我们从长久的心理冲突，从一个被卡住的位置离开，重新开始。

被贬谪的苏东坡，在精神上获得了重生。

惟江上之清风，与山间之明月……是造物者之无尽藏也……

了解完"重生"的两大要素，我们来对转折期后的"重生"做个归纳吧。

Chapter 34 重生：如何重建全新的自我

首先，重生是心理结构的重组过程。
新的认知结构更能容纳损失和变动，更能适应现实。

结束阶段

脱离原有环境、身份、目标

迷茫阶段

与更深广的精神领域建立联系

重生阶段

获得新目标、认知结构、意义感

其次，重生也是自我重构的过程，新的自我逐渐占据主导。

新的自我更符合内心价值观和外界需要。

最后，重生还是人生重组的过程。
我们保留了有活力的部分，并进一步扩大它。

腐朽的部分已经在变动中脱离。

我们有了新的身份、事业、自我……

我们重新出发，变得更加灵活坚韧，直到下一次转变到来。

生命总是会为自己寻找出路，无论前面的阻力看起来有多强大。

Chapter 35

职业转变：
　　如何应对职业变动与转型

工作变动，是我们常遇到的一种转变。
但究竟什么才是好工作呢？
竞争激烈的工作！
赚钱的公司！
氛围轻松愉快～
只需要依循大多数人的标准，我们可以轻松回答这个问题。
我见过一些人，他们在积累一定经验后，开始困惑自己的职业选择。
我真的要这样过一辈子吗？
很多人由此开始了艰难的职业转型，这绝不是找份更赚钱、有更大发展空间的工作那么简单。
每个职业背后，都有一个自我。
职业转型，其实是一个自我重塑的过程。

职业转变过程中最难的地方,是新旧自我的更替。

今天的来访者大米是一名产品经理,她怀疑自己选错了职业,因为她自认为不擅长沟通。

你自己是怎么想的呢?

职业倾向测试的结果说,我更适合创意、设计类的工作……

我不知道。

大米想用测试工具去发现"真实的自我",然后根据这个清晰的结果,去选择职业、规划发展。

大米认为,有一个已成型的"真实自我"等待自己发现,这是用静态的方式看待自我。

可实际上,"真实的自我"并非早已存在,它是我们在寻找和选择的过程中逐渐形成的。

与"真实的自我"假设相对,认知心理学家黑兹尔·马库斯提出了一个"可能的自我"理论。

与所谓的真实自我不同,每个人身上都存在很多"可能的自我"。

——黑兹尔·马库斯(Hazel Markus)

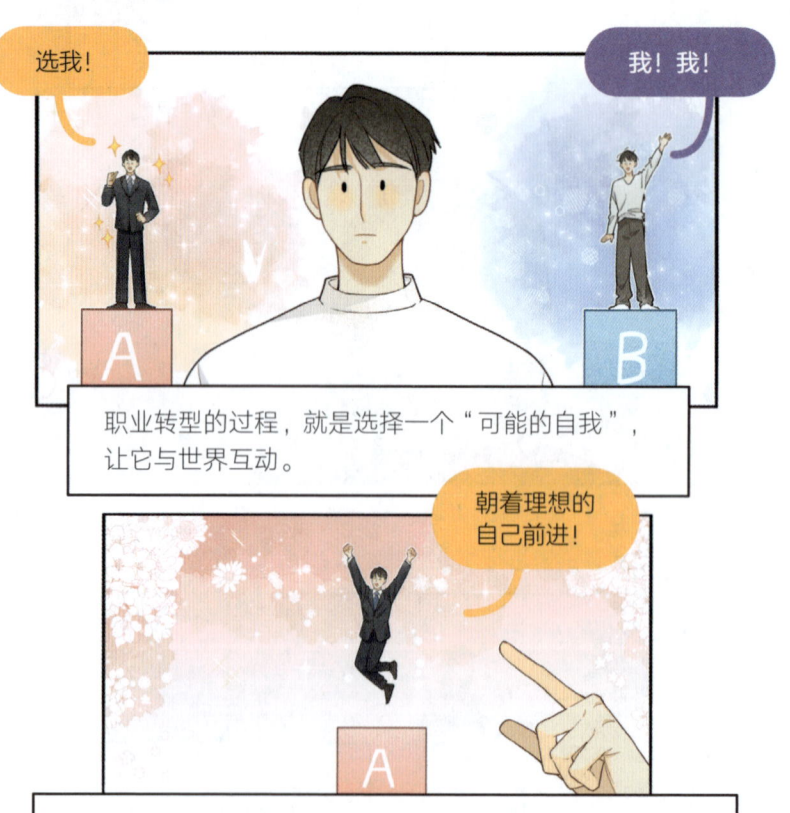

选我!

我!我!

职业转型的过程,就是选择一个"可能的自我",让它与世界互动。

朝着理想的自己前进!

如果这个自我能够适应现实,它就会逐渐成长起来,变成真实的自我。

Chapter 35 职业转变：如何应对职业变动与转型

我曾在一所著名大学的心理中心工作，那份工作固然有我喜欢的教学和咨询，但……

唉，又是新的工作标准……

好想只管业务，不管其他啊！

要是去做自由心理咨询师的话……

算了，不可能不可能！

我并没有把这颗小小的种子当真，它只是安静地待在心底，直到……

居然有那么多人关注我写的东西！

那个偶尔产生的念头，逐渐变成了一个需要认真考虑的选项。

我很清楚：选择了其中一个"可能的自我"，意味着其他自我的不断衰退。

Chapter 35 职业转变：如何应对职业变动与转型

那么，一个"可能的自我"，是怎么从一个念头成长为可行的选择的呢？

条件一
这个"可能的自我"符合自我价值观

我欣赏她！

我们受到这种可能的吸引，对它有亲近感。

条件二
我们需要去尝试

这次总应该选对了吧？

在尝试和实践中，自我不断发展、逐渐清晰。

职业转型是不断试错、反复纠结的过程。
计划派不上用场，只有事实反馈能告诉我们答案。

看来之前那条路是错的……

按照事实反馈，选这条路更实际点儿。

| 理直气壮爱自己(下)

我还记得,当我开始思考职业转型后,我就开始做一些简单的小尝试。

那个……要不要试试……请问……

尝试并非一蹴而就。最开始我很不好意思收费做咨询,定价也比较低。

慢慢地,我发现自己有了稳定的咨询客户群,这时,自由执业的咨询师才真正成为我"可能的选择"。

经历过兜兜转转,我们进入了一个新时期:自我的"过渡期"。

让我再想想怎么选……

老师　　自由执业

在"过渡期",新旧自我共存于我们脑海中。
它们不断竞争,逼迫我们做出选择。

而我们会不断拖延做选择的时间。
因为我们害怕放弃带来的损失,也恐惧未来的不确定性。

要不然等过几年,一切都稳定了再离职?

"过渡期"的新旧自我不断此消彼长,我们会一直处于撕裂的、焦虑的状态。

我不能再逃避了!

直到某个契机表明,真正的转变来临了。

职业转型的过程，是从萌芽期的念头开始……

途经不断试错、自我撕扯的过渡期，最后转型完成。

讨厌的自我

日常的自我

理想的自我

转型过程通常十分漫长，有时甚至需要付出巨大代价、无法回头。

那么，我们到底为什么要完成职业转型？它的意义在哪里呢？

Chapter 35 职业转变：如何应对职业变动与转型

我朋友阿彪毕业后应父母要求，开始经营家族生意。可他 35 岁时，毅然卖掉公司做起了音乐。

怎么，当年在大学里没玩够？

我一直喜欢音乐，早想这么干了！

做商业和音乐人有什么区别？

以前吧，说自己是某某公司老总，总觉得哪里不对。

现在，我可以大方跟人说——

我阿彪，是做音乐的！

也许，我们为了职业转型兜兜转转，最终要的，就是这种踏实感。

因为我们知道，这种踏实感里，有我们真正想要成为的自己。

Chapter 36

关系转变：
如何应对关系的结束

除了上一章提到的工作的转变，我们的生活中还有一种重要的转变：关系的转变。

当一段关系结束时，我们不仅失去了那个人，也失去了关系中的自我。

在关系转变中最痛苦的，莫过于关系的结束。这种结束，仿佛是一种特殊形式的死亡。

这是命中注定的缘分！

当关系存在时，我们会赋予它很多意义。

我什么都不是……

随着关系结束，原本的自我概念面临破碎。

Chapter 36 关系转变:如何应对关系的结束

因此,在关系转变的过程中,我们的头脑会变得非常混乱。

感谢上天让我们相遇。

遇见你是我造了孽!

也许,前一秒我们还心存感恩……

下一秒可能就变了想法。

这是大脑在艰难处理这段失去,并从中整理出关于关系和自我的新认识。

在混乱中,我们的大脑会用尽办法抗拒结束。那么,大脑都有哪些招数呢?

第一种方式：对挽回这段关系的幻想。

她说这些，是想复合吗？

抱歉，我不擅长通过这些来判断，我不会比你更了解她。

那你能直接告诉我怎么挽回她吗？

抱歉，在一起需要两个人共同决定，但离开只需要一个人就可以了。

对方去意已决时，我们做什么都无法挽回这段关系。

这段关系不再由我们控制。

大脑企图让我们对挽回关系心存幻想，要放弃这种幻想十分困难，这意味着我们必须忍受不确定性。

Chapter 36 关系转变：如何应对关系的结束

第二种方式：把对方和关系理想化。

今天的来访者李李正处于婚姻危机中，老公的多次出轨让二人陷入无休止的争吵和猜忌。她忍无可忍，选择了分手。

可离婚后，她不停谴责自己。

都怪我没处理好，把一切都搞砸了。

这不是你的错。

哪怕我一再跟她说，这并不是她的错，也无济于事。

她像一个记忆的剪辑师，把所有好的片段都剪辑下来，拼接成一段完美的关系，把关系里的背叛和伤害都排除了。

可她失去的并不是一段完美的关系。无论想象得多美好，它都不是。

Chapter 36 关系转变：如何应对关系的结束

第三种方式：让自己沉浸在悲伤的情绪中。

小文和前男友分开快 3 年了。但她每天上班做的第一件事，仍然是打开前男友的微博。

如果连我都放下了，那这段感情就真的不可挽回，只能结束了。

这么久了，你为什么放不下呢？

小文宁可让自己悲伤，也不愿承担结束的痛苦，因为后一种痛苦要疼得多。

一旦承认了结束，就是从心底承认我们永远失去了所爱的人。

不经历结束和迷茫，就不会有重生。
可谁能告诉痛苦中的人，距离重生到底还有多远呢？

心理学家伊丽莎白·库伯勒-罗斯（Elisabeth Kübler-Ross）发现：重症患者接受自己生病，要经历五个阶段。这五个阶段也适用于接受像分手这类关系的结束。

这只是吵架而已。

阶段一：否定

她居然敢抛弃我！

阶段二：愤怒

万一她回心转意呢？再等等。

阶段三：讨价还价

阶段四：抑郁

阶段五：重归平静

最后，我们终于能结束这漫长的心理挣扎，坦然面对关系的结束。

Chapter 36 关系转变：如何应对关系的结束

电影《情书》讲的正是接受结束的过程。

我们去他遇难的地方看看吧。

女主博子一直走不出未婚夫登山时遇难的阴影。博子的新男友提议，去她未婚夫遇难的雪山看看。

你好吗？

博子看着远处的雪山，压抑已久的悲伤终于痛快地释放了出来。

那一刻，她终于愿意直面逝去的悲伤。

雪山那边是结束，雪山这边是开始。生活在让人心碎又带着奇怪安宁的悲伤中，滚滚向前。

我们究竟如何才能接受一段关系的结束？

我们常常误以为结束就是关系的消失，以为结束就是那个人从此消失不见了。

但其实，结束并不意味着消失，只不过，以前是我们存在于这段关系中，现在是这段关系存在于我们心中。

当我们从失去的关系中重生以后，就重新获得了这段关系。

在对往事的回忆里，它变成了我们内心柔软的角落。

Chapter 37

转折期选择：
　　　选择的标准是什么

Chapter 37 转折期选择：选择的标准是什么

无论工作还是关系，所有转变都有一个讨价还价、新旧自我共存的时期。

好想转行啊，可是这么多年的口碑……

转变期的选择令人纠结，因为不同转变期，对抉择的考量标准会非常不同。

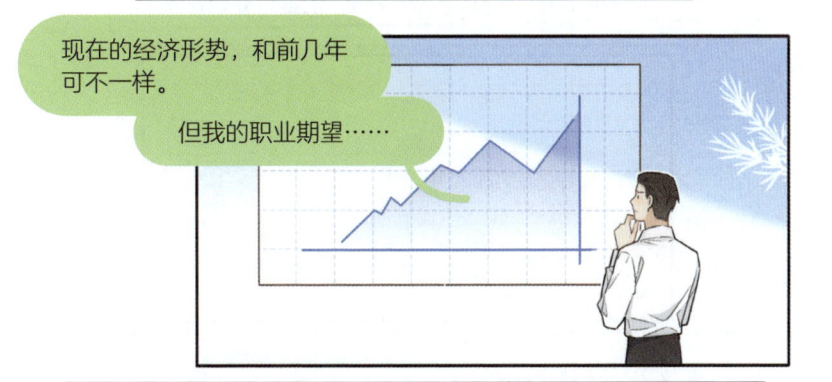

现在的经济形势，和前几年可不一样。

但我的职业期望……

那么，在工作和关系的转变期，我们究竟该如何选择呢？

我自己总结了选择的两个原则。

选择的第一个原则:想清楚我们做的是经济选择,还是心理选择。

今天的来访者阿肖正纠结于城市选择。

大城市创业:繁华便利,但压力大房价高。

小城市就职:事业稳定,但发展受限。

怎么选好呢?

面对这类选择,我们通常有两种思路。
一种是从经济学的角度,权衡各种利弊得失。

S-W-O-T　风险
收益
成本　机会

用经济学模型,对各方面优劣势做综合比较。

在经济学决策模型中,我们得尽可能搜集完备的信息,才能准确地预测未来。

这样就可以做出正确决策了吗?

可经济学决策模型是有弊端的。首先，谁也没有足够的信息能预测未来。

天气预报明明说是晴天。

其次，这类模型在本质上是在计算和加工信息，太过机械化。

正在为您计算，两个选项的成功率分别为……

大城市创业　　　小城市就职

在经济学决策模型中，任何人都能根据计算结果做出相同选择。

我可不想被数字操控！

所以，我们还有另一种思路："心理选择"。

| 理直气壮爱自己(下)

在"心理选择"决策模型中，我们把选择看作是多个"可能的自我"在互相竞争。

每个选择代表了什么样的自我？

我想要成为谁呢？

"心理选择"决策思路相对没那么常见，因为比起经济学，它意味着更多的责任。

我得在不确定的状况下，对自己负责……太难了吧！

做出选择，就要承担选择的后果。

压力下，人们很容易转向"经济选择"，想寻求确定答案。可选择才是成就自我的第一步。

经济选择 VS 心理选择

我们只有知道自己是根据什么在做选择，才明白该选什么。

选择的第二个原则：从环境还是自我创造的角度思考。

我还在大学工作时，曾遇到过一个学生，叫小柳。
刚被保送博士的他前途一片光明，却开始纠结要不要退学。

> 导师整天不见人，竞争又大，我真担心……

> 退学要趁早，等博二再退就更不划算了。

> 好不容易考上了！退学像什么话！

如果从环境的角度去思考，小柳不外乎两种选择：顺从或者反抗环境。

> 顺从环境，听爸妈的。

> 反抗环境，尽早离开。

小柳没有意识到自己的问题：他默认了外在环境是决定选择最重要的因素。

当把选择权交给环境时,我们很容易被一种无力感给淹没。

人生

在这种情况下,我们需要回归自己的内心,再做选择。

那我该怎么决策呢?
好难啊……
别再权衡利弊了，把这个抉择困境当成自我探索的契机吧。
你可以问问，自己想成为什么样的人?
自我的形成是一个创造性的过程。我们通过一次次的选择，逐渐完善自我的画像。
未来之门
道路尽头的“自我”并非现成的，
而是经由我们的选择逐渐创造的。

当看问题的角度从外在环境转换到自我形成的框架上以后，即使我们仍然会犹豫，思维却不再受环境支配了。

我想帮非营利组织做些事，活得更有意义点。

那么围绕这个目标，博士学位有帮助吗？

决定选择的不再是环境，而是小柳自身对未来的构想。

关键不在于我喜不喜欢读博的环境，而是读博是否有利于接近更理想的自我。

即使有风险和不利因素，但是当小柳开始想为了目标克服困难，他就不再纠结环境了。

Chapter 37 转折期选择：选择的标准是什么

当把"要成为什么样的人"作为目标时，我们对风险的思考自然也会发生变化。

我到底该奔着理想读研，还是奔着现实先去工作呀？

现在这个经济形势……

显然她对风险的觉知完全基于两个选项的利弊。于是，我试着引导她从自我创造的角度去思考……

欢迎加入我们公司。

课题例会

如果没有足够的钱来支撑将来的事业，那么就先赚钱。

如果资金充足，那么提升学历含金量显然更有利于事业。

在最终想要追求的志向面前，万般风险，都只不过是实现目标的条件罢了。

万一读完研找不到工作……

工作赚钱，为读研和未来的事业储备资金！

如果你也恰好处在转变期，正为了一些选择而纠结、不断权衡利弊的话……

也许是时候回答一下这个问题：
你想成为什么样的自己呢？

Chapter 38

创伤后成长：
如何重建意义感

我的朋友沫沫是一位很成功的女企业家。
她做事干练、雷厉风行。

你这么要强，是因为常年在商场打拼吧？

……我以前做梦，梦见自己是男性。

我这才知道，原来沫沫的父亲重男轻女。
为了得到承认和接纳，她曾经一度拼尽全力。

看，我是年级第一！

唉……可惜你不是个男孩。

我很遗憾……

没有那时候的拼劲，我也不会有现在的成就。

人生中难免出现一些无法避开的持久创伤，但我们可以借此发展出适应挫折的能力和智慧。

Chapter 38 创伤后成长：如何重建意义感

无论主动选择还是被动承受，我们都会不断经历失去。但有时候，创伤中的确蕴含着成长的可能。

《自控力》的作者凯利·麦格尼格尔（Kelly McGonigal）曾在书中提到过一份关于压力的研究。

请问你当前的压力来源是？

你认为压力有害健康吗？

3万名美国成年人参与了此次调查。

8年后，认为压力有害健康的人的死亡风险显著提高。但不认为压力有害健康的那拨人并未受到大的影响。

真正有害的不是压力，而是压力有害健康这个观点本身。

从这个报告看来：怎么看待挫折，有时甚至比挫折的实际伤害更重要。

尽管创伤有负面影响，却也可能令人获得不寻常的成长。这就是"创伤后成长"。

想象一下，山顶上有棵树正承受着暴风雨肆虐。

那么，它可能会出现如下情况……

情况一
傲然挺立，毫不动摇。

情况二
一时弯腰，等待雨后恢复。

而第三种情况是，折断的树枝身受重伤，而且留下了永久的疤痕。

但时间推移，旧痕抽新条，这棵树甚至长势比原来更好。

人的"创伤后成长"正是如此：它并不是巍然不变或者恢复如初，而是因创伤而改变。

那么，创伤经历具体是怎么改变我们的呢？
社会心理学家罗尼·吉诺夫 - 布尔曼（Ronnie Janoff-Bulman）
提出过一个"世界假设"的概念。

公平正义

安全可控

世界是友善的　　世界是公平的　　世界是安全、可控、
　　　　　　　　　　　　　　　　可预测的

布尔曼认为，成人世界这三个隐秘而天真的假设，组成了一个观念：只要我做个好人，健康、努力地生活，我就能安稳幸福地过一生。

社会为了保证自身运转，努力维持着这几个假设。
不知不觉我们忘了——人生其实有残酷面。

这时，一旦生活的基本假设坍塌，
我们便很容易不知所措。

前几年有个新闻：暴雨将司机困在了车内，导致司机不幸逝世。

救命！门打不开，车要被淹了！

此事一出，万众哗然。因为它打破了我们对大都市安全有序的假设。

这种事居然会发生在大城市！

真吓人！

我们总以为苦难离自己很远。因而当它突然降临身边时，我们会陷入无力感，并低估自己。

我这么弱，要真遇到，估计就完蛋了。

但不用太过担心，原本的信念坍塌，也意味着，艰难的重建正要开始。

Chapter 38 创伤后成长：如何重建意义感

要开启"创伤后成长"，我们必须在三个"世界假设"之外，发展出新的认知结构。

我的朋友小玲曾亲历地震灾难。那是 2008 年的 5 月——

地震啦！快跑！

啊！

别跳，这里是四楼啊！

我要活下去！

啊啊啊啊——！

好可怕！

抱着这样的信念，小玲逃出了教学楼。可是——

死亡就这样毫无征兆而又摧枯拉朽地推翻了她原本关于世界的假设。

面对地震,往日的学习生活瞬间失去了意义。小玲只剩下一个念头——活下来。

Chapter 38 创伤后成长：如何重建意义感

创伤经历会改变一个人的价值观。
从那以后，一般人认为重要的东西渐渐无法吸引小玲了。

我放弃保研和赚钱，也许就是因为这个吧。

难怪你跑来做冥想 App 了。

我想借由冥想，思考我们日常的经验和存在本身。

每次见面，她都会有很多新的经历和感悟。
因为这份洒脱，她拥有一种远超同龄人的超然。

山间辟谷

刀耕火种体验

她过上了一种独特的生活，可这并不意味着那次地震的负面影响已然消失。

她偶尔在夜里哭泣,但这份眼泪并不是出于悲伤,而是整个人被毫无遮掩的虚无和存在穿透了。

也许正是这份感受,让你不停地寻找一个答案。

经历过生死,很难继续遵循社会价值体系了。

小玲并非自发探索,而是被迫过早地知晓一些道理。这令我不由得有些担心。

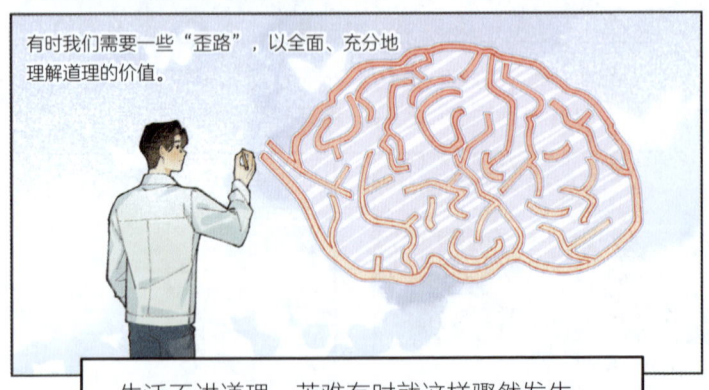

有时我们需要一些"歪路",以全面、充分地理解道理的价值。

生活不讲道理,苦难有时就这样骤然发生。不过幸好,我们还能选择面对苦难的姿态。

Chapter 38 创伤后成长：如何重建意义感

"创伤后成长"，是每个个体都需要独立面对的生活命题。

在创伤中，关于世界的一些天真的假设都崩塌了。

可房子塌了，砖头依然还在。
我们可以用它们重建起新的、更牢固的生命意义。

我们将重新看待生命中的选择，重新认识自己，以及……

重新在虚无中,

去创造能支撑我们的人生意义。

Chapter 39

故事：
如何赋予经历意义

上一章我们提到，困难的经历可能会永久地改变一个人。

但就像受伤的树会慢慢长出新枝，我们也能从创伤中创造出新的意义。

那么，这种意义是怎么被创造出来的呢？

答案是——通过故事。

通过故事，我们组织起自己的经历，把它们变成一个有机的整体。

当提到"某个人是什么样的人"时，我们一般会先从人格说起。

丹·麦克亚当斯
(Dan McAdams)

心理学家，他将人格分为三个层次。

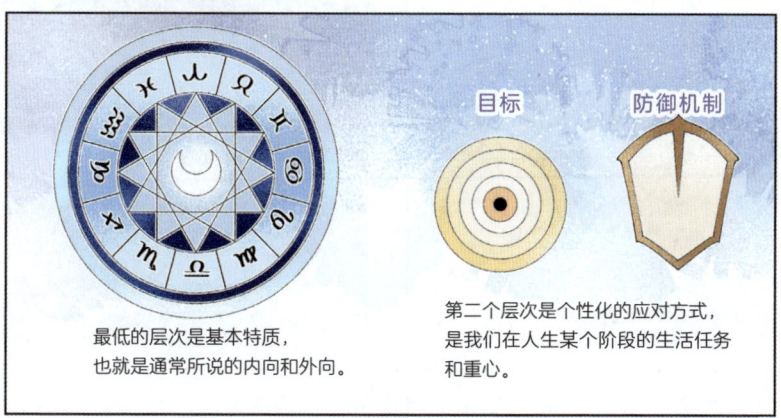

最低的层次是基本特质，也就是通常所说的内向和外向。

目标 **防御机制**

第二个层次是个性化的应对方式，是我们在人生某个阶段的生活任务和重心。

最核心的层次是人生故事，这是我们区分自己和他人的最重要特质。

> 我年轻的时候啊……

我们将自己的经历，编织成了连贯生动的个人神话。

生活的意义感，正是源于我们对自己人生故事的理解。

顺境让我们像是置身于喜剧故事中。

逆境则将我们抛入悲剧般的担忧。

故事不断影响着记忆，我们会保留符合故事大纲的重要情节，忘掉与故事无关的。

我们同时扮演着观众和编剧两个角色。

我们一方面作为编剧创作着故事，一方面作为观众，在故事影响下，改变对现在和将来的看法。

Chapter 39 故事：如何赋予经历意义

今天的来访者小薇正受困于自己撰写的故事。
她对每个喜欢自己的男生，都非常戒备。

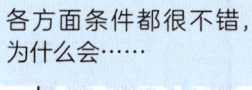

能给我个机会吗？

你喜欢的不是真正的我。

各方面条件都很不错，为什么会……

我总觉得他们都在骗我。

小薇为自己写下了一个欺骗与背叛的故事，并擅自完成了角色分配。

小薇
在恋爱中无力自保的被骗者。

追求者
为欺骗小薇而来，默默盘算着背叛。

小薇心里的故事比现实更牢固，而这个故事严重妨碍了她步入恋情。

187

正如小薇那样，逆境和创伤之所以能够改变我们，是因为它们改写了我们的人生故事。

我得把挫折整合进来，重新设计故事，才能自圆其说。

面对挫折，我们通常有两类故事。第一类是"挽救式故事"。

糟糕的困境

主角努力探索

豁然开朗的结局

"挽救式故事"的想法，会让我们产生突破困境的预期。它引导我们行动起来，学习人生智慧。

Chapter 39 故事：如何赋予经历意义

第二类是"污染式故事"。

麻烦席卷日常

主角无能为力

充满悔恨的结局

如果我们秉承"污染式故事"的想法，那么身处顺境时，我们可能担心好景不长、惴惴不安。

逆境降临时，我们反而觉得命中注定有此一劫：之前的焦虑和迷茫，果然都暗示着自己的无能。

果然他迟早会背叛我……

"污染式故事"的影响下，我们更容易陷入悲观和沮丧之中。

189

著名的美食家安东尼·波登曾写过一段话，他感觉自己中年时期的幸福生活像是偷来的。

我早该死在20岁，却突然在40岁的某一天，发现自己火了。我像是偷了一辆车，一辆特别好的车。我每天都盯着后视镜，总觉得迟早会撞车，只是现在侥幸还没撞上罢了。

《半生不熟》随笔集
安东尼·波登
（Anthony Bourdain）

而我看到这段话，是在一篇缅怀他的文章里——他自尽了。

看来，我们得想办法，把污染式故事转变为挽救式故事。

Chapter 39 故事：如何赋予经历意义

生捏硬造的故事，压根没法令人相信。我们得换种方式去描述经历，赋予它新的意义。

今天的来访者阿卓深陷人生黑暗漩涡中，他阴差阳错没能考上梦中的情校北大，还被确诊了骨癌。

要是这次检查的结果不好……

只有检查完那几天我能轻松点，简直是一轮又一轮的精神折磨……

那段时间，我只是在咨询室里陪着他，倾听他看见的那些生与死的故事。

前天合影的，昨天人就没了……

他要么锯腿，要么停止治疗。

她认命了……

这些故事给了阿卓很多负面暗示，他被困在了"污染式故事"所制造的大雨里。

Chapter 39 故事：如何赋予经历意义

后来，阿卓去了一家基因公司实习，起因是一节斯坦福大学关于机器学习的公开课。

如果有天癌症被攻克，机器学习一定扮演了重要的角色。

癌症死亡的焦虑持续给阿卓无形的压力，但现在，他找到了一个有形的敌人，并决定用事业与之对抗。

听说你的病情好转了？

我前段时间甚至参加了马拉松。

跑步变成了阿卓和疾病战斗的象征。这种象征被编入了他的人生故事，获得了某种真实。

就算爬，我也要爬过终点。
然后把一切都抛在终点线后面。

他的人生故事已经从污染式的功败垂成，变成了挽救式的战胜自我的故事，获得了新的意义。

故事的后来，阿卓成功通过了5年检查，正式告别了一轮又一轮的医院复查。

Chapter 40
英雄之旅：
自我是如何进化的

面对困难，我们通过编织自己的故事来完成转变。可问题是，我们并不了解这个故事的全貌。

我的人生真的还能好转么？总觉得不太现实……

我们试图去编一个"挽救式故事"，却很容易被消极情绪带走，滑向"污染式故事"那头。

又失败了，也许我命中注定就是个悲剧。

那么，有没有什么材料能成为我们编故事的线索，帮我们理解自己身上正在发生的事呢？

有，英雄故事。

Chapter 40 英雄之旅：自我是如何进化的

英雄故事不都是假的嘛！也能当真？

因为这些故事中，存在着真实的部分。

英雄故事的剧情当然是虚构的，可主角的人物转变过程，弥足真实。

师徒四人怀着坚定的决心，斩妖除魔，最终取得真经。

正因为人物转变过程的真实，我们相信故事，自发地从故事中学习转变的历程。

不信的话，可以去看世界各地流传的英雄故事。你会发现，这些故事都有相似的内核，那就是转变。

研究神话的学者约瑟夫·坎贝尔写了一本书，将英雄之旅划分为三个阶段：启程、启蒙和回归。

"启程、启蒙和回归。"

——《千面英雄》约瑟夫·坎贝尔
(Joseph Campbell)

英雄故事阶段一：启程

在故事的开端，英雄感受到了一些"关于改变的召唤"。他感到陌生，并下意识产生了排斥。

不，那意味着巨大的变动、麻烦和危险……

我得忘掉这疯狂的念头。

可这些"召唤"恍若宿命般挥之不去，于是英雄开始认真考虑它们，逐渐克服了对变化的恐惧。

最终，英雄离开日常的生活轨迹，顺应召唤、勇敢上路。

踏上冒险之旅的我们，跨过了一个神秘的门槛，来到一个未知的全新世界，然后发现——

苦难

痛苦

挑战

危险

未知

不确定性

我们原来解决问题的法子，压根用不上……

英雄故事阶段二：启蒙

跨入新世界的我们没有退路，必须勇往直前，通过学习新的思维和习惯模式寻找出路。

> 我来支持你。

幸运的是，我们会遇到某些特别的守护者。他们能在情感、知识技能或者经验上帮助我们。

> 唔，选谁来帮忙呢？

①偶像　②同事　③《工作宝典》

这些守护者将和我们建立起联系，让我们更充分理解自己的处境，厘清使命、坚定前行。

Chapter 40 英雄之旅：自我是如何进化的

启蒙阶段我们不仅能获得队友，还会遇到命中注定的敌人——反派"恶龙"。

今晚抓紧时间，把方案写出来！

……好的，老板。

最初我们会把"恶龙"当成敌人，但慢慢地我们发现，问题不在外部，而是来自我们内心。

老板在帮你，这项目甲方很看重效率。

也许我该调整对他的偏见……

与"恶龙"战斗中，我们逐渐意识到：不是他人有问题，而是我们和对方的关系出了问题。

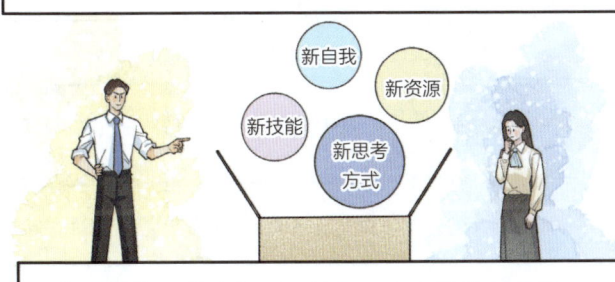

新自我　新资源　新技能　新思考方式

在漫长的艰难斗争后，如果一个人战胜了自我，那他就能创造出新的认知，成为一个全新的人。

英雄故事阶段三：回归

完成了使命的英雄，回到了自己的出发地，将旅途所获分享给那些等待出发的人。

《英雄经验总结》

有时，他也会响应下一个英雄的需要，成为对方旅途中的守护者。

坎贝尔还进一步将英雄之旅的三个阶段，细分成了八个动作。

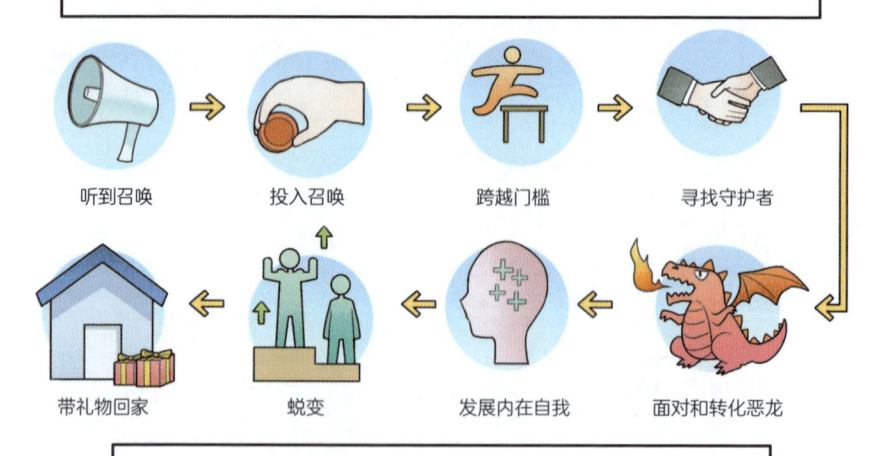

听到召唤 → 投入召唤 → 跨越门槛 → 寻找守护者

带礼物回家 ← 蜕变 ← 发展内在自我 ← 面对和转化恶龙

看，英雄之旅的这三个阶段，是不是正对应了我们在人生转折中的心理历程？

Chapter 40 英雄之旅：自我是如何进化的

我们之所以热爱英雄故事，正是因为这些虚幻的故事背后，有我们想要的真实。

原始部落的青年，借由族长传授的圣歌走出迷茫。

故事如同圣歌，是一个媒介。
它向我们传递着关于转变方方面面的可能性。

我们在故事中，看清自己的所处阶段和可能的最终走向。

我们将自己的经历和英雄们的旅程相结合，从故事中获取力量，同时让故事越发真实可信。

英雄故事的本质不是战斗，而是我们每个人都会经历的自我转变、自我发现的旅程。

说个英雄之旅和我之间的故事吧。

从大学刚离职的时候,我焦虑又迷茫,总觉得自己犯了大错。

你确定要离职吗?

呃……我只是觉得,我需要这个决定。

真的不会后悔?

我为什么会搞成这样,是不是做错了……

也许这本书可以帮到你。

是英雄之旅的故事,帮我发现了这段旅程的意义。

后来,再有人问我关于选择的问题,我终于可以坦然地说——

不后悔。

人不会为自己要走的路后悔，只会为自己没有响应召唤而后悔。这就是我的答案。

奋斗职业或者留守体制内，都是一种选择。

其实，没有什么路是绝对的。路往哪里走，并不是故事的关键。

重要的是，我们在借着走这些路修炼自己。就像坎贝尔说的——

归根结底，所有的英雄之旅都是自我发现的旅程。

Chapter 41

人生阶段：
　　如何突破自我中心

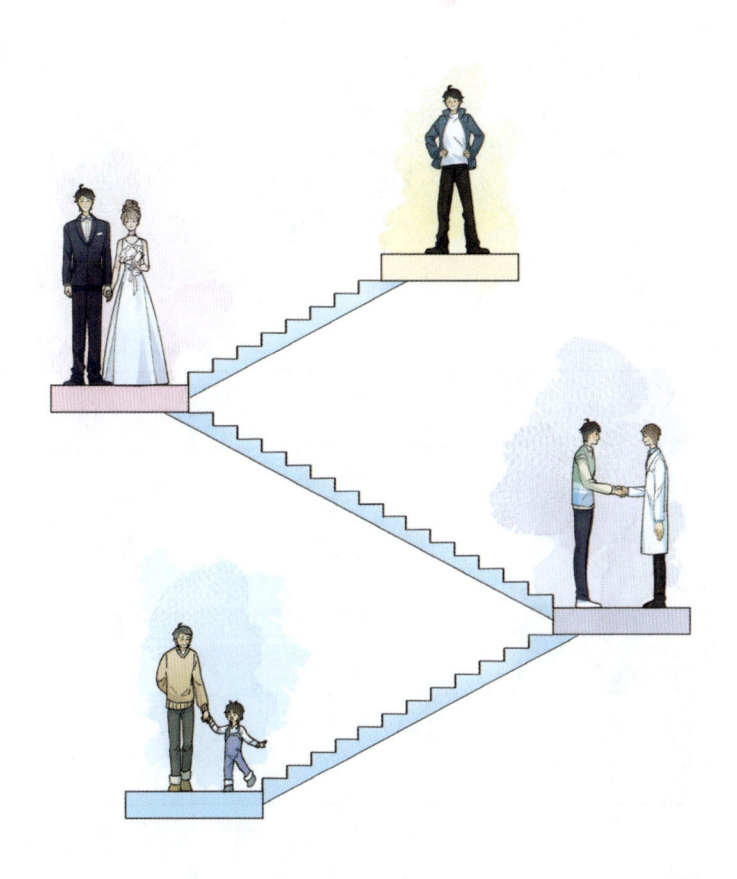

对于身处不同人生阶段的人,转折有不同的含义。

同样是关系的丧失,但青年期的失恋、中年期的离婚和老年期的丧偶,对人生发展的意义不同。

同样是职业转变,但年轻时的尝试、中年期的转型和退休后找新的事做,对人的意义也不同。

所以,关注自我和自我发展时,不能忘了我们所处的特定的人生阶段这个大的背景。

Chapter 41 人生阶段：如何突破自我中心

往前回顾，也许你已经发现：

我们看待自我和自我发展的视角，从行为的发展、心智的发展到关系的转变、转折期，逐渐从微观具体变得宏观抽象。

自我发展并不只是外在的，同时也是心理的。
我们在人生发展的每个阶段，都会遇到心理上的危机。

但危机也是转机，只要顺利克服它们，我们将获得一种新的、更成熟的心理品质。

接下来，我将从人生阶段的视角，来帮你重新理解自我和自我发展。

人生的每个阶段，都面临着特定的人生发展课题。
这些人生课题是生理规律、社会规律，更是心理发展的规律。

比如，很多人会在20-35岁的青年期结婚生子，巩固职业发展。

在35-60岁的中年期养育后代，培养新人。

在60岁以后的老年期面对退休和衰老的问题。

行为发展

心智发展

关系转变

转折期

人生阶段

人生课题

Chapter 41 人生阶段：如何突破自我中心

想想我们的一生，除了身体的变化，在心理上要经历怎样的变化，才算得上是成熟了？

我们是怎么从孩子，逐渐成长为教育子女的父母的？

我们又是怎么从幼稚青涩的情侣，发展成相互扶持的伴侣的？

最后，我们是怎么把岁月变成智慧，坦然面对死亡的？

"人是怎么发展的"这个难题，渗透了人生的方方面面，极难回答。

心理学家爱利克·埃里克森认为，人在每个阶段，分别要面对不同的矛盾、完成各自的人生课题。

爱利克·埃里克森
(Erik Erikson)

美国精神病学家，著名的发展心理学家和精神分析学家。提出人格的社会心理发展理论。

如果我们顺利完成这一阶段的课题，就会获得一种宝贵的品质。

别担心，我已经能告别他了。

如果没有完成，这个课题会埋伏到下一阶段，以不同的形式和面目出现，提醒我们补课。

忘不了前任，相亲干吗！

我只想让他回到我身边……

> 那么，人生每个阶段需要面临哪些课题呢？
> 完成课题的最大阻碍在哪儿？怎样才算顺利完成？

乔治·范伦特
（George Vaillant）

美国哈佛大学医学院精神病学教授，"格兰特幸福公式"研究负责人。
主要著作有《自我的智慧》《适应生活》等。

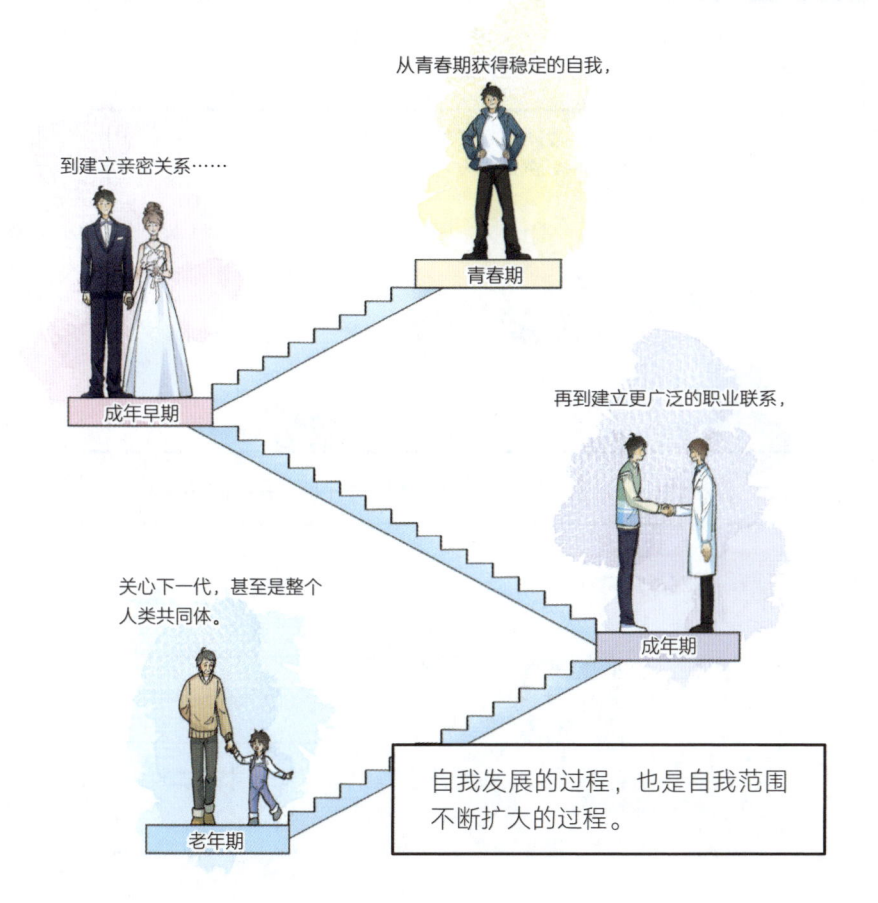

从青春期获得稳定的自我，

到建立亲密关系……

青春期

成年早期

再到建立更广泛的职业联系，

成年期

关心下一代，甚至是整个人类共同体。

老年期

自我发展的过程，也是自我范围不断扩大的过程。

范伦特把自我发展的过程分为了两个阶段。
第一个是从青春期开始的人生前半段，叫收集的阶段。

在这个阶段，我们收集了稳定的自我、亲密关系、职业认同，还有成就、声望、尊重……

智慧之果

自我发展过程的第二个阶段是拥有稳定自我后的人生后半段，叫分发的阶段。

这个阶段，我们把前半生收集的东西分发出去，去关心他人、关心下一代，从中获得人生意义和新的可能性。

每一阶段的自我发展，都需要我们克服某种形式的自我中心。

其实，世界不像你想的那么糟。

妈妈你说得对，我该走出去看看。

只有突破自我中心，我们才能从原先的小我走出来，迎来更大的格局。

接下来，我会从以下四个阶段，来介绍人生特定阶段的发展课题。

老年期

中年期

成年早期

青春期

我会着重介绍每个阶段蕴含着什么样的矛盾和障碍，这些矛盾与障碍背后有怎样的自我中心倾向……

以及克服这种特定的自我中心倾向可能的出路。

可以说，自我发展的过程，就是破除我执、从小我走向大我的过程。

Chapter 42

青春期：
如何确立身份认同

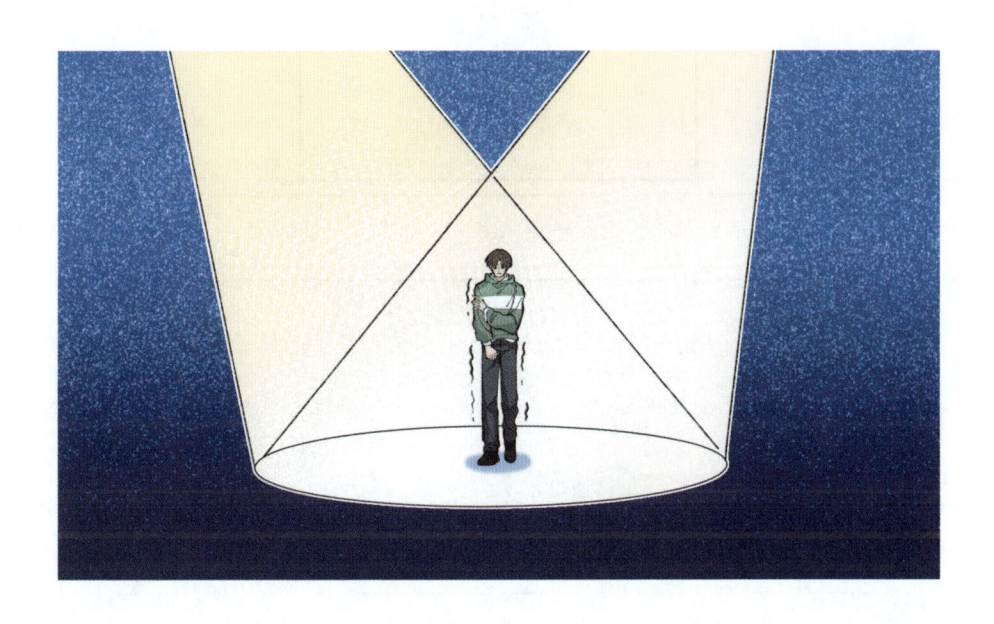

老年期

中年期

成年早期

青春期

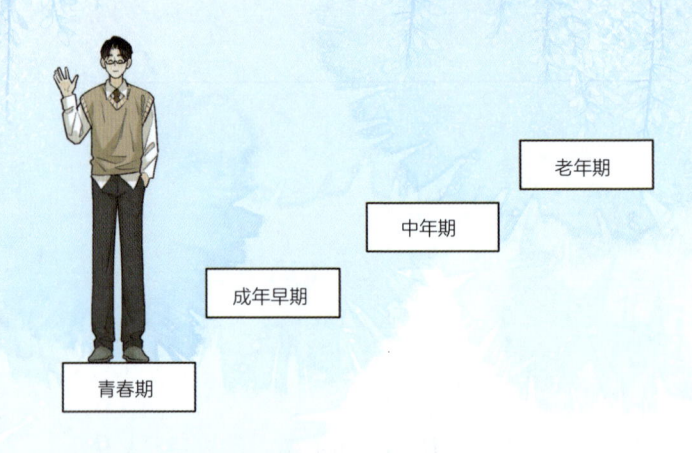

关于人生四个特定阶段的发展课题,我们先从青春期看起。

在开始之前,咱们得先解决一个小分歧。

关于青春期的时间长短,每个人都有自己的见解。

应该是12—18岁。

35岁以前都算!

现代人的青春期确实普遍长一些,我们就取个宽泛的范围,把15—25岁定为青春期吧。

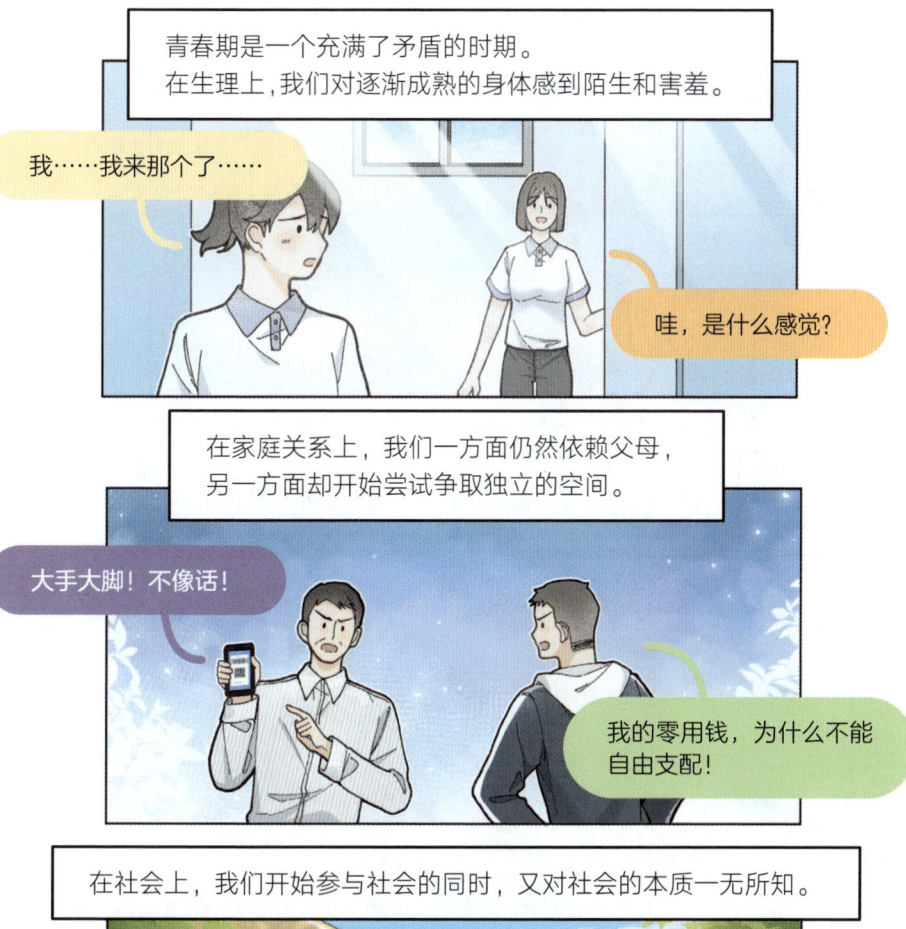

Chapter 42 青春期：如何确立身份认同

青春期是一个充满了矛盾的时期。
在生理上，我们对逐渐成熟的身体感到陌生和害羞。

我……我来那个了……

哇，是什么感觉？

在家庭关系上，我们一方面仍然依赖父母，另一方面却开始尝试争取独立的空间。

大手大脚！不像话！

我的零用钱，为什么不能自由支配！

在社会上，我们开始参与社会的同时，又对社会的本质一无所知。

不公平！老师就是偏心好学生！

学习再好，将来还不是给人打工！

正因为青春期是这样一个断裂的过渡期，因此，这个时期最重要的任务就是寻找"身份认同"。

219

"身份认同"这个概念又被称作同一性,它的概念有些复杂。

同一性在心理学中,指个体对自身及自己生活目标的意识。

什……什么?

简单来说:当一个人获得了"身份认同"后,他就能对"我是谁"给出相对确定的答案。

我属于中华民族

我是心理咨询师

我勤俭节约

我幽默且严谨

我相信唯物主义

……

可是在青春期,"自我"会冒出很多新部分,这会让"我是谁"变得更难回答。

大家都还没长胡子,我可不能让他们笑我……

要寻求"身份认同",真正迈向成长,我们就得跨越那些阻碍发展的障碍。

Chapter 42 青春期：如何确立身份认同

在青春期，阻碍我们发展的障碍，是一盏假想的"聚光灯"。

"聚光灯"效应下，我们过度关注自我形象和他人评价。

今天的第一个来访者阿远正值青春期。
因为承受不了学业压力，他陷入僵固型思维，不想去上学了。

不努力还好。万一努力了也不行，别人一定会说我很蠢……

谁会这么说？

所有人，所有人都会说。

看起来阿远似乎很在乎他人评价。
他生活在别人的目光中，觉得所有人都在评价自己。

可实际上,这个"别人"只是阿远的假想。
他压根没去问别人真实的想法,他关注的只有他自己。

不努力

有潜力

逃学

蠢?

阿远在假想的"聚光灯"压力下,试图从所谓的
"他人评价"中拼凑出"自我形象"。

Chapter 42 青春期：如何确立身份认同

这种假想"聚光灯"下的生活压力，会带来两种典型的反应。

第一种反应，是对社会标准非常顺从，根据他人的标准来衡量自我价值，做出选择。

金融专业大家都说好！

那我就选这个吧！

可这种盲目顺从，非但没法发展出真正的"身份认同"，反而会让我们的情绪被他人评价所控制。

在家听家长的，到学校听老师的！

好……

那么，如果反过来，对社会标准做出反抗呢？

"聚光灯"下的第二种反应,是对社会标准非常反抗。青春期的孩子常通过反抗父母,来宣示自己的成长。

> 做完作业再玩手机!

> 我就不!

这些小小反抗者们开始形成奇特的青春亚文化,越是被批判,他们反抗力越强。

> 我的眼眸中封印了神秘的力量……

> 你们又在破坏公物了!

> 厉害!

青春期的孩子坚持着特立独行,他们要告诉成人"我与你不同",从而确认"我是谁"。

> 别闹了,快去上课!

> 愚民啊,你竟敢忽视王的力量!

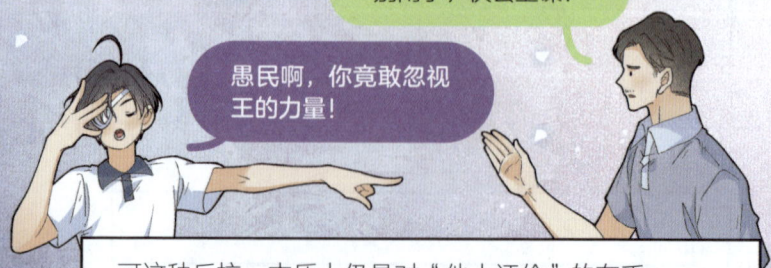

可这种反抗,本质上仍是对"他人评价"的在乎。只要"聚光灯"存在,我们就无法建立起"身份认同"。

Chapter 42 青春期：如何确立身份认同

什么样才算是确立了"身份认同"呢？

我曾经接待过一个处在青春期的来访者范范，他是个很有想法的男生。

成年人，虚伪。

买房买车，没意义！

只知道叫我好好学习，不关心我想要的！

那你觉得什么有意义？将来想做什么？

……学艺术。

我当时没太当真，因为很多人会用艺术作借口来逃避生活。没想到，后来再见到范范，他竟然真去学艺术了。

三年不见了！

你变化真大！

范范这几年到底经历了什么，才会发生如此巨大的变化呢？

| 理直气壮爱自己(下)

原来，当年范范父亲认为他不上进，想着画画也算一条考学的途径，就真送他去上美术课了。

老师，我很迷茫也很孤独。怎么能像你那样坚定地画画呢？

考学，就是为了遇到更多想法相似的年轻人。

去到那个学校就好了。

艺术家都会想很多。

这些将帮助你，让你最终学会表达自己。

后来，范范在艺术院校遇到了同样特立独行的人。他拥有了归属感，开始认真学习、参与竞争。

以前你不是说社会不公平，所以学习也没什么意义吗？怎么现在这么拼？

社会确实没那么公平，但我只管做好自己吧。

这个回答让我明白：范范已经跨过了青春的过渡期，建立起自己的"身份认同"。

Chapter 42 青春期：如何确立身份认同

让我们来看看，范范的思维到底发生了什么样的变化。

社会不公

成人世界太虚伪

范范的敌人，从他自己脑补的幻想，变成了现实的存在。

功课太重

学业压力大

① 范范认识到：外在的客观事实无法动摇，他的人生需要自己来负责。

我改变不了其他人或事物，只能对自己负责。

② 范范开始接纳自己和社会主流价值观间的矛盾，只专注做好自己的事情。

我不用刻意去顺从或反抗"社会不公"，只忠于自己的想法就好。

我认为，一个人获得"身份认同"的标志，就是对自己负责，以及学会接纳矛盾。

| 理直气壮爱自己(下)

那么，怎么建立起这种"身份认同"呢？

STEP 01

范范尝试学习艺术，逐渐发掘出自己的才能，获得信心。

STEP 02

范范遇到了他视为榜样，且懂得欣赏他的好老师。

STEP 03

范范拥有了与他价值观相似、能包容他自我探索的同伴。

这些条件让范范获得了稳定的"身份认同"，他克服了青春期"聚光灯"式的自我中心，开始真实地参与社会。

在咨询的最后，我和范范握了握手，说了这样一句话——

"欢迎来到成人世界！"

Chapter 43

成年早期：
如何建立亲密关系与职业认同

Chapter 43 成年早期：如何建立亲密关系与职业认同

告别了青春期以后，我们就进入了成年早期。

成年早期通常指 25-35 岁。

在这个阶段，我们已经建立起身份认同，有了一个相对稳定的自我。

可一个人的旅途终究太孤独、太迷茫，我们需要在不断探索中，通过分享自我来克服孤独。

这就是成年早期的核心课题：建立亲密关系与确立职业认同。

成年早期的核心课题 01：亲密关系的建立。

著名心理学家和哲学家威廉·詹姆斯（William James）曾患有抑郁症，但最终拯救他的不是哲学理念，而是人。

我总是不自觉地过度反省自己……

从今天起，我来提醒你。

你让我体会到一种前所未有的平和。

故事的后续，是詹姆斯迎来了他的学术生涯高产期。看，亲密关系真的能弥补我们的自我缺陷。

爱人就像是我们自我的延伸，某种意义上，亲密感的建立扩大了我们的自我。

亲密关系的建立，是自我发展的一个重要里程碑。

Chapter 43 成年早期：如何建立亲密关系与职业认同

亲密关系的建立之所以能对自我产生这么大影响，是因为在亲密关系中，我们的角色就是真实的自我。

在你面前我很自在，不用伪装，也没有太多担心。

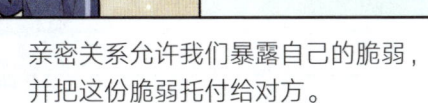

亲密关系允许我们暴露自己的脆弱，并把这份脆弱托付给对方。

我接受。

如果对方幸运地接纳了这份脆弱，那些原本被我们排斥的"秘密"，就会被整合到自我的概念里。

我们更能接纳自己，变得更完整。

亲密关系，能帮我们深化对自我的"身份认同"。那么，我们怎样才能获得这种亲密感呢？

要获得这种亲密感,我们得先克服成年早期的三个自我中心倾向。

自我中心倾向 01:害怕不被接纳。

今天的来访者小霜害怕进入亲密关系,她过度关注自己的想法,不认为有人会真心喜欢自己。

难道在与异性交往中,就没有过开心的时刻吗?

……大学时有。

我们吃饭、散步,很开心。

可一回到宿舍,我就会想……

他只是在照顾我而已。

如果知道了我真实的一面,他一定不会喜欢我。

小霜扭曲了事实,来维护"没有人喜欢自己"的核心信念。她害怕托付和依赖,而这就是一种自我中心。

Chapter 43 成年早期：如何建立亲密关系与职业认同

其实，所谓"真实的一面"，无非就是"脾气不好""没那么自信"之类的事。

觉得自己有不能为人知的另一面，几乎是每个人共有的秘密。

可小霜坚信别人没法接纳这些，因此，她的恋爱沦为了一个"藏和躲"的无间道游戏。

建立亲密关系，意味着要托付自己、依赖他人，也意味着我们给了别人伤害自己的权力。

我很擅长在别人抛弃我之前，先抛弃他们。

但只有勇于尝试你才可能发现：所谓的秘密其实没那么危险。

自我中心倾向 02：害怕承诺。

亲密关系是排他的，这就意味着：
一旦建立起亲密关系，人生便会失去一些可能性。

我真的要对女友承诺一生一世吗？

反正我将来要找个更漂亮的，所以现在不能结婚。

你到底是想找更漂亮的？还是单纯害怕承诺？

都有吧。万一结婚了，我就一点自己的空间都没有了……

结婚牵扯到两个家庭，想想就害怕。

因为害怕失去某种可能而害怕承诺，是另一种自我中心。

这种"找个漂亮女朋友"的幻想，本质上是在为自己保留承诺外的可能性。

Chapter 43 成年早期：如何建立亲密关系与职业认同

自我中心倾向03：害怕"被改变"。

亲密关系会挤压自我的空间，我们一定会牺牲某些自主性。

亲密关系会改变我们的生活习惯、品味、情感表达。

比起被塑造成亲密关系的系统需要的样子，有些人自然会觉得一个人更自由。

> 单身久了，都不习惯找对象了。

> 一个人想玩什么、学什么都可以！

> 不用照顾对方情绪，爽歪歪~

害怕不被接纳、害怕承诺和害怕改变自己，这三种不同形式的自我中心，成了亲密关系的最大障碍。

疑虑和秘密，让我们假装亲密，却又各自孤单。

有些人把关系变成利用、占有或者寻找刺激的途径。

可是内心的空虚和孤独会提醒人们，他们并没有完成人生的重要课题。

怎样才能真正建立起亲密关系呢？

这个问题其实并没有标准答案。

但如果你问：怎样才算是获得了发展亲密关系的能力？那我会回答——**能够发自内心地做出承诺。**

我承诺，即使会受伤，我也愿意投入地去爱。

我承诺，即使你不完美，我也愿意爱你。

我愿意为这段关系负责，并接受关系的种种限制。

这份自主的承诺，代表我们选择接受亲密关系的限制。这种发自内心的承诺本身，就是爱的形式。

完成这份自主的承诺，你将获得宝贵的品质——爱。

当然，关系的承诺无法一劳永逸，时间有时会把对的变成错的。
你写过那么多爱情故事，什么时候觉得自己是爱过的？
签售会
当我不顾一切冲上去的时候。
我来救你——！
后来，我们离婚了。
不过我不后悔。我是幸运的，因为——
至少我爱过。
看，即使关系发生了变化，我们已经获得的承诺和爱的能力却不会消失。

成年早期的核心课题02：
如何寻找适合自己的职业，确立职业认同。

我该干一行爱一行，还是爱一行干一行？

看，是不是很像？

结婚该找爱我的人，还是我爱的人？

正如亲密关系的重点在于分享彼此的亲密感，工作的关键也在于整合"干一行与爱一行的矛盾"。

工作的关键，在于我们是否认同所做的事情。

我们要克服对完美的幻想，和对失去可能性的焦虑，做出自己的选择和承诺。

投入自己喜欢的职业，也会让我们慢慢沉下心来，逐渐获得自信和成就感。

Chapter 43 成年早期：如何建立亲密关系与职业认同

建立起职业认同意味着：
我们能接受职业背后的人际关系，并把它当作自我的一部分。

职业的人际关系有两层含义。
首先，它包括我们和工作伙伴本身的关系。

其次，它还包括我们与服务对象的关系。
有一种说法认为，职业有三个层次：生计、事业和使命。

生计
被压榨逼迫，不得不为的关系

事业
平等、稳定、互惠的关系

使命
服务、奉献、甚至牺牲的关系

正是对职业背后关系的认同，让我们成为有技能、被需要、肯奉献的专家，并因而扩展了自我的概念。

心理学家乔治·范伦特认为，职业认同有四个标志：胜任感、承诺、报酬和满足感。

①胜任感：胜任工作，从中收获能力成长及成就感。

②承诺：愿意投入工作，保持职业忠诚。

③报酬：收获了满意的回报。

④满足感：工作并不违背我们的自我，有种特别的、本该如此的感觉。

前三种标志比较好理解，但最后的"满足感"是怎么来的呢？

Chapter 43 成年早期：如何建立亲密关系与职业认同

要获得满足感，我们得把工作镶嵌到人生故事里，让它成为整个故事的一部分。

编剧故事中的"人物弧光"：
无论过程中阻碍有多强，人物终将追随心底真正的信念而去。

我的朋友阿奇一心想成为"手艺人"，他考入了中央媒体准备当记者，却被分配到了行政岗位上。

工作有光环，领导还器重你，真决定离职了？

我想做的是"手艺人"。

阿奇选择遵循"手艺人"这个故事核心，去了一家小杂志社，这为他带来了满足感，让他终于能做出职业承诺。

最终，阿奇追随"手艺人"的信念，在记者工作中找到了职业认同。

有时候，稳定的职业认同，就是在自己的人生故事中勾勒出这样的"人物弧光"。

理直气壮爱自己(下)

要勾勒"人物弧光",单纯地把工作纳入人生故事可不够,我们得发自内心地认同这个故事。

你居然辞了大公司的财会,去做保险了?

放心,我没有被洗脑,是真的认同这一行。

比起财会工作的人走茶凉,她更喜欢保险工作中与客户的长期相处。

她之所以像这样抗拒关系的结束,是源于小时候外公去世时的经历。

外公的去世埋下了种子。对长期关系的渴求,成了她职业认同的一部分。

我们要建立真正的职业认同,就得让人生境遇和工作产生深刻的联系,并把工作整合进人生故事里。

Chapter 43 成年早期：如何建立亲密关系与职业认同

最后，用鲁迅的故事来结束这一章吧。

鲁迅一开始想当医生，是家人为庸医所害的缘故。

后来他弃医从文，是因为他发现：治疗精神比治疗身体更重要。

看，当职业和人生故事联系起来时，这份职业认同不仅赋予了工作意义，也继续回答了"我是谁"。

"横眉冷对千夫指，俯首甘为孺子牛。"

——《自嘲》鲁迅

在这种情况下，职业认同是自我同一性的延续和深化。

如果你恰好处于成年早期，或者你正面临亲密关系与职业方面的困境，那么——

是时候，找寻属于你自己的答案了。

Chapter 44

中年期：
　　如何应对中年危机

你已经在青春期建立了稳定的自我，在成年早期获得了亲密关系和职业认同，但变化很快又来了。

你进入了人生的另一个动荡时期：中年期。

在 35—60 岁这段惊涛骇浪的时期，人们的身体因衰老而变得陌生，感情重新变成一件麻烦事。

因为意识到自己也会衰老和死亡，我们不再满足于琐碎的日常，开始希望找到更深层的人生意义。

害怕衰老，就是中年期的发展障碍。

Chapter 44 中年期：如何应对中年危机

为什么我们会害怕衰老呢？
除了身体机能的衰退，更多还是因为可能性的丧失。

那些想做却没做成的事……

那些我曾求而不得的人……

没希望了。

我害怕这种生活，一眼就能看到未来。

这种可能性的丧失会带来恐慌。
部分中年期的人不明白恐慌的根源，便误以为自己在恐惧衰老。

招蜂引蝶　　　　维系魅力　　　　追求名利

部分人选择对抗衰老，却陷入更深的恐慌。

但也有些人在中年期反而变得更成熟、更有创造力。
他们不再那么在意他人的评价和世俗规则，更多地遵循内心做决定。

因为他们关心自我以外的他人，尤其是下一代。

他们开始从下一代的繁衍中，获得新的人生意义。

繁衍，就是人们在中年期要完成的发展课题。

在心理学家埃里克森的理论中，繁衍的核心含义在于：
我们能够借助日常活动，突破自我的限制。

在工作和休闲活动中保持活力

对生活怀有热情和好奇心

积极教导和关爱他人……

为社会和他人谋福利

维护公平和正义

……

繁衍不仅发生在家庭领域，也发生在工作和社会领域。

Chapter 44 中年期：如何应对中年危机

一、家庭里的繁衍

家庭里的繁衍，有孩子的父母自然会懂。
父母在孩子身上看到了新的可能，不再恐惧于自身可能性的丧失。

他们为孩子笑，替孩子哭。孩子让他们感到安心，令他们觉得付出有所回报。

繁衍感的本质是把自己奉献出去，让自己成为孩子的一部分。
可有些父母把孩子拉进来加强自我，让孩子成为自我的一部分。

妈，这鸡爪有点硬。

我觉得还好，你再试试？

还是有点……

再试。

好吧，还行。

看，再试试感觉就对了吧。

妈妈看起来很照顾孩子，实际上却在逼他认同和感激自己。

这种爱从自己的需要出发，关心的仍然是关系中的自我。它是一种占有式的爱。

占有式的爱不仅是逼迫孩子认同和感激自己那么简单，有时，父母甚至还会让孩子替自己完成愿望。

你懂什么？医生多受人尊敬啊！

父母的这种愿望无可厚非。但问题在于，当孩子不接受这种安排时，有的父母更看重自己的需要。

孩子没法整合父母的期待与自我的期待，难以发展出身份认同。

占有式的爱过度关注自己，本质上是一种自我中心。而真正有繁衍感的关系是奉献式的。

我走了你会孤单吗？

可我不要把我自己的孤独，变成困住你的理由。

奉献式的爱从孩子的需要出发，承认孩子是独立的个体，并真正关心他们。只有奉献式的爱，才可能发展出有繁衍感的关系。

Chapter 44 中年期：如何应对中年危机

— 一昧地对孩子奉献，不就失去自我了吗？

— 有繁衍感的奉献，必须具备两个要素。

首先，真正有繁衍感的奉献，会尊重孩子的独立性。这其实也是在尊重自己的独立性。

— 妈妈，我不冷。
— 好的，那就算了。

其次，我们的确失去了一些自我关注，甚至是满足需要和欲望的机会，但同时，我们获得了一种品质——关心。

— 我有点吃不下……
— 吃不下就放着吧，没事。你是身体不舒服吗？

这种关心会变成自我的新部分。换句话说，我们其实是在通过爱孩子，学习怎么爱自己。

我们在奉献自我的同时，也在加强自我。

因此，这种奉献式的爱成了我们克服发展障碍、走出中年危机的一种方式。

而父母对孩子最重要的爱，是学会放手。

二、家庭外的繁衍

工作和社会中的繁衍，对于走出中年危机也非常重要。这样的繁衍我归纳了一下，主要有三种。

家庭外繁衍 01

创造性的工作

美国精神病学家、著名的发展心理学家爱利克·埃里克森说："创造是一种特殊的繁衍形式。"

创造通过劳动，将独立于个人的新事物带到这个世界上来。因此，它成了一种突破自我限制的形式。

让我们看看这条纪录片的主人公，也许他能进一步帮助你理解创造性工作的意义所在。

理直气壮爱自己(下)

画家孔龙震原本是一个集装箱货车司机。
某天，在一段长达14千米的下坡公路上，他的刹车失灵了。

我必须做点什么！

那一刻，孔龙震认定死亡即将来临，但他侥幸逃过一劫。

从那以后，孔龙震开始反思生命的意义，踏上追寻理想的道路。

我想用画作让自己的生命留下痕迹，告诉人们，这个世界我来过。

"这个世界我来过。"
这就是创造作为一种特殊繁衍形式的意义。

| 家庭外繁衍 | 02 |

传承

阿里云原总裁王坚老师曾在一次校友会上分享过自己的职业成长经历。

从被帮助，转为帮助他人。

这种跨越个人的传承，深刻地影响了王坚对工作的价值判断。

年轻时获得长者的帮助，中年时开始帮助更年轻的人。
这种传承广泛发生在工作领域，意味着个人从新手向中年专家的转变。

匠人传承：
师父不仅负责徒弟的职业生涯，还是他的人生导师。

传承这种繁衍形式，包括两个方面的含义：
一种是技术上的，一种是关系上的。

师徒既是工作关系，也是家人关系。
只不过联结形式从血缘变成了手艺的传承。

这两种传承都包含了某种形式的自我超越，因此都有繁衍的含义。

为什么这么说呢?
先来看看技术上的传承。

越是重要的技术或者经验,你越有传承的责任。

无论是何种形式的技术,都有超越个人的存在价值。
这些技术本质上属于全人类,不应随着个人老去而消失。

教会徒弟,饿死师父!

如果固守这样的想法,我们就不会有繁衍的感觉,很可能陷入停滞的恐慌。

当你接受了技术传承的责任时,你就通过传承超越了自我。

米纽庆在简·海利(Jay Haley)的葬礼上说:"我们用一辈子积累而来的知识,已经普遍地影响了下一代的咨询师,他们不一定记得我们的名字,但那已经一点也不重要了。"

Chapter 44 中年期：如何应对中年危机

接着，我们来看看关系上的传承。

米纽庆 80 多岁时，曾在一次北京讲学后对我的老师说：

我和著名吉他手安德列斯·塞戈维亚（Andres Segovia）一样，拿着吉他在台上，也会奏出音乐来。

但下了台，我就只是个老头了。现在，我要把吉他传给你了。

不，我才不要你的吉他。

老师这么说，一是因为她不愿意承认米纽庆的老去，二是因为她知道这个"吉他"背后的责任。

可后来，我不知不觉就接过了他的吉他。

经验丰富的老人主动帮年轻人成长，自愿成为领路人，这就是关系上的传承。

关系上的传承对中年期自我发展有着深远影响。一方面，它让人们在付出中超越了自我。

老师已经是个老太太了，可是她的工作量很惊人，马不停蹄。

另一方面，承担起传承的责任，能让人们在面对衰老时更加豁达。

老师，你希望留给世界的东西是什么？

如果我离开了，我希望大家都高高兴兴的，就像费里尼（Fellini）那部电影一样。

这种突破自我中心以后带来的豁达的人生境界，就是繁衍带来的回报。

家庭外繁衍　　　03
回报社会的使命感

使命感是传承的深化和扩展，它会把繁衍扩展到亲近的人以外，甚至是我们不认识的人身上。

心理咨询总体来说是服务于中产阶级以上人群的，米纽庆却是少数为穷人工作的心理咨询师。

他在晚年还以1美元的年薪为纽约的医疗系统改革奔走。

虽然米纽庆为穷人做了很多事，但他从不把"爱"挂在嘴边，有爱又真实。

难道你不相信爱吗？你不爱世人吗？

我不爱啊！我只是爱一些人而已。

每次听到这种故事，我都不由得心生感慨。
这份向往根植于每个人的天性，变成了人类文明繁衍的基石。

回顾家庭内外的繁衍,你可能会误以为繁衍是一种单向给予。
但事实上,繁衍是一种互惠。

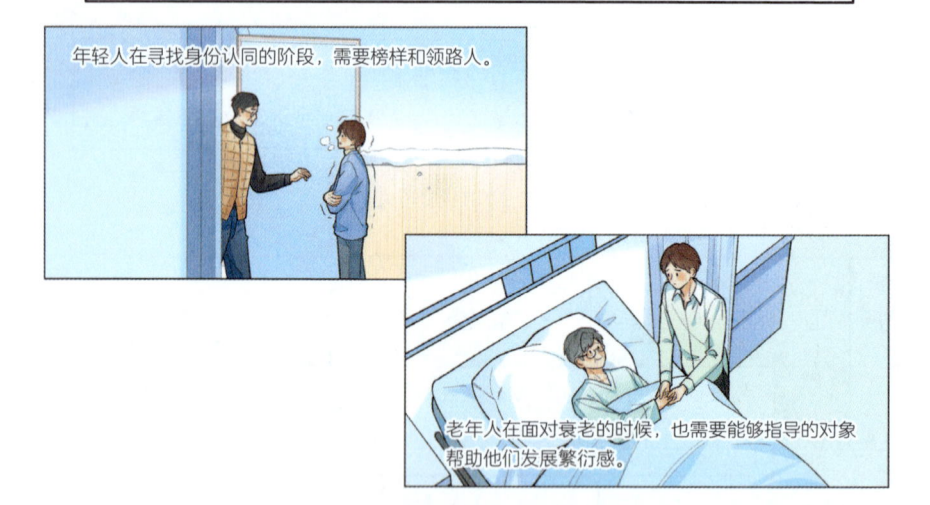

年轻人在寻找身份认同的阶段,需要榜样和领路人。

老年人在面对衰老的时候,也需要能够指导的对象帮助他们发展繁衍感。

双方在相互医治中,帮助彼此完成了人生发展的课题。
繁衍正是这样一种让人类突破自我限制、传承文明的特殊形式。

年轻人被年长者培养、照顾、教导。

年长者则从年轻人那儿获得子女般的爱、尊重和安慰。

人是有很多限制的,会老去,会死亡。
可当我们突破了这种自我中心,发展出广泛的繁衍感后——

我们就突破了这种与生俱来的限制，拥有一种超越衰老和死亡的豁达。

无论哪种形式的繁衍，都是突破自我、走出中年危机的可行之路。

Chapter 45

老年期：
如何整合自己的人生

Chapter 45 老年期：如何整合自己的人生

青春期、成年早期、中年期，我们终于到达人生的最后阶段——老年期。

青春期	成年早期	中年期	老年期
建立身份认同	亲密关系和职业认同	在繁衍和停滞的矛盾中挣扎	?

子女长大成人，已然独立。
而我们原本承担的社会责任，该卸下的都卸下了。

衰老、病痛、不断去世的亲友……
一切的一切，不断提醒我们终点的临近。

265

现在，我们还要完成人生的最后一个课题：对人生的整合。

Chapter 45 老年期：如何整合自己的人生

"整合"是什么意思呢？让我们来看看埃里克森的解释。

接纳自己唯一的生命周期，并将其作为不得不存在，且不允许有任何替代的事物。

简单来说，整合意味着无论这一生是否顺遂，我们都接纳它，并把它看作一段独一无二的完整经历。

太多不满意，却来不及重新开始……

该学会接受啦。

我们经历着错过、得到、选择、失去……
在有限的生命里，寻求更多自我发展的可能性。

我们通过选择，让某些可能性化作现实，编写着关于自我发展的独特人生故事。

给出一个满意的答案，就是"整合"的过程。

整合有两种含义，第一种是：回顾自己的人生，并找出一种意义来源。

"只有当死亡来临时，你过去的所作所为，才显示出它们的意义。"

——塞涅卡(Seneca) 斯多葛学派哲学家

我的外婆一生清苦，没读过什么书。
可她去世当天说过的一番话，令我至今难忘。

外婆，您这一觉睡了好久，我真怕……

孩子，不要怕。

人都是要死的，慢慢来，不要慌。

外婆最后一句话还在安慰家人，家就是她最大的人生意义。是她在家庭中获得的"繁衍感"，让她完成了对人生的整合。

陈教授风趣幽默，36岁就成了计算机学院最年轻的博导，广受学生喜爱。

难道"繁衍感"必须在家庭中获得吗？当然不是。
浙江大学传奇教授陈天洲是出了名的单身主义"光协会员"。

2011年，他查出了胰腺癌，这种病死亡率极高。

学术研究和培养学生，让陈教授有了足够的"繁衍感"。这成了他最大的人生意义，帮他完成了对人生的整合。

整合的第二种含义是：
把自己纳入人类群体中，看作是某种演化进程的一部分。

什么是"我"的开始呢？

呱呱坠地　　受精卵　　人类诞生　　有机物

大自然以超越自我的方式演化，而我们只不过是这个宏大剧目中的一环。

水滴汇入大海，是另一种形式的永生。

佛教认为：自我只是因缘际会结合的产物，只是一个过程。

而"整合"的课题，正是要克服最后一个自我中心：
对"自我"本身，也就是生命的执着。

Chapter 45 老年期：如何整合自己的人生

从人生的终点回过头思考此时此刻，有时会带来某些意想不到的好处。

感谢上天，又让我赚了一天日子。

葛多斯学派有想象死亡的传统，把每一天当成生命的最后一天。

这种方法让人们获得平静，感恩并珍惜每一天。
向死而生非但没有带来恐惧，反而激发了人们的生活热情。

总有一天我们都会死。

所以我们更应该挣脱不必要的束缚，勇敢活着。

如果你正面临艰难的挑战，难以做出抉择，不妨试试下面两个想象练习。

◎ 练习 01
假如你已经度过了完美的一生，回首当下这刻的难题，你会怎么做？

◎ 练习 02
你正被某个生活难题所困。现在该怎么做，将来老了才不会后悔呢？

当遇到困境时，试着从终点的角度反过来看，也许会为你带来一些惊喜。

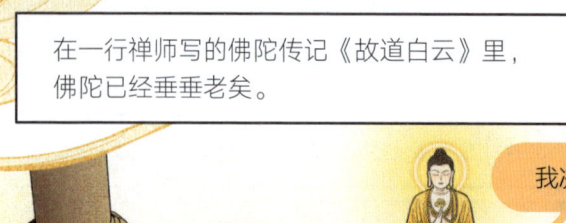

在一行禅师写的佛陀传记《故道白云》里，佛陀已经垂垂老矣。

我决定在三个月后入灭。

佛陀和弟子阿难陀最后一次爬上灵鹫山，他们在山边，看着夕阳缓缓落下。

你看，这灵鹫山多美！

纵使落日转瞬即逝，也无法消解那一刻的美。

如果说，生命的有限性有什么好处的话，也许就是让我们意识到——

自己所在的每一刻，都如此美丽。

Chapter 46
自我发展：
　　一条不断延伸的路

Chapter 46 自我发展：一条不断延伸的路

从行为的改变，到思维的改变、关系的改变，再到转折期、人生发展阶段……

不知不觉，这本书已经到了尾声。

人生最后阶段，回顾整合是重要任务之一。那么最后，我们也来回顾一下本书的内容。

先来介绍一下，我在本书中的几个"特别安排"吧。

我们在前面的内容中特意做了一些设计，比如：

行为改变：不改变也是一种改变，接纳自我是很难的一种改变。

思维改变：承认前面的局部知识，你才会探索剩下的部分是什么。

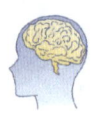

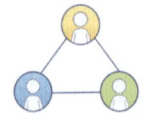

关系改变：虽然我们一直强调独立、课题分离，但独立是为了更好地联结。

如果按照惯例，那么本章的内容应该是……

就算没有完成亲密关系课题，我们依然能挑战容纳孤独这一课题。

所谓的人生发展阶段，只是大多数人的选择。
但你不一定要按"别人的路标"前进，每个人可以走出独特的路。

为什么要用最后一章把前面所有说的都推翻呢？打脸不疼吗？

这种安排，其实是为了符合真实的自我发展规律。

Chapter 46 自我发展：一条不断延伸的路

选择走哪条路、经过哪些路标其实并非关键。
每个人生发展阶段的课题，它的本质其实是对矛盾的适应。

按大多数人的路标前进，你便会遇到这些矛盾，在适应中收获这个阶段的品质。

青春期 — 建立身份认同
成年早期 — 亲密关系和职业认同
中年期 — 在繁衍和停滞的矛盾中挣扎
老年期 — 课题整合

如果你并未按路标走，或者你面对的课题不以常规顺序呈现，那么你便可能在与众不同的矛盾中，收获独特品质。

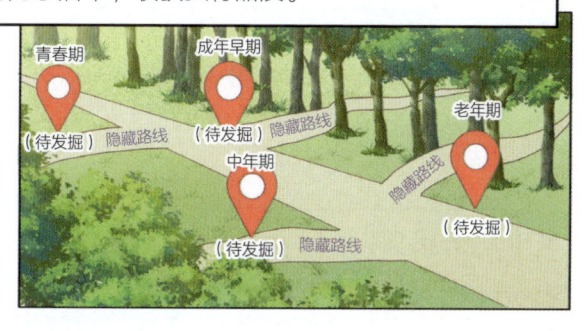

青春期（待发掘）隐藏路线
成年早期（待发掘）隐藏路线
中年期（待发掘）隐藏路线
老年期（待发掘）隐藏路线

实际上，自我发展就是一个不断否定的过程。
每次否定都在颠覆我们的原有认知，继承和深化着我们的认知。

自我

本书正是通过这样的否定，来加深你对"自我发展"规律的认识。

> 在最后一部分，我刻意没写具体的解决方法，只是写了每个发展阶段面临的矛盾和一些可能的出路。

那么该怎么完成各个阶段的任务呢？

答案在前面的内容里。

虽然每个人生发展阶段都有它特定的大任务，但我们面对的是具体的生活。

是每个行为、每种想法、每段关系里的小小改变。

最后一部分所有问题的答案，都已经埋藏在了前面的内容里。这正对应了自我发展的另一规律：一条回去的路。

"从40岁到衰老的步骤，和前面的发展阶段是反向的"。
"40岁时面对情感危机，像青少年一样"；
"60岁时挣扎着抗拒时光变换，像10岁一样"；
"80岁全神贯注于一个难以控制的、不稳定的身体，像学步儿一样。"

——乔治·范伦特（GeorgeE. Vaillant）

本书正是这样一条回去的路。

Chapter 46 自我发展：一条不断延伸的路

本书也许算得上一份关于改变的地图，但它只是不够明朗的局部地图，仅仅能帮你上路而已。

结不结婚，都是自由选择！

走出舒适区……上路了我才终于理解它的意思。

看，地图是否正确并不是关键。
因为你走的路，你探索地图的过程，远比地图本身更重要。

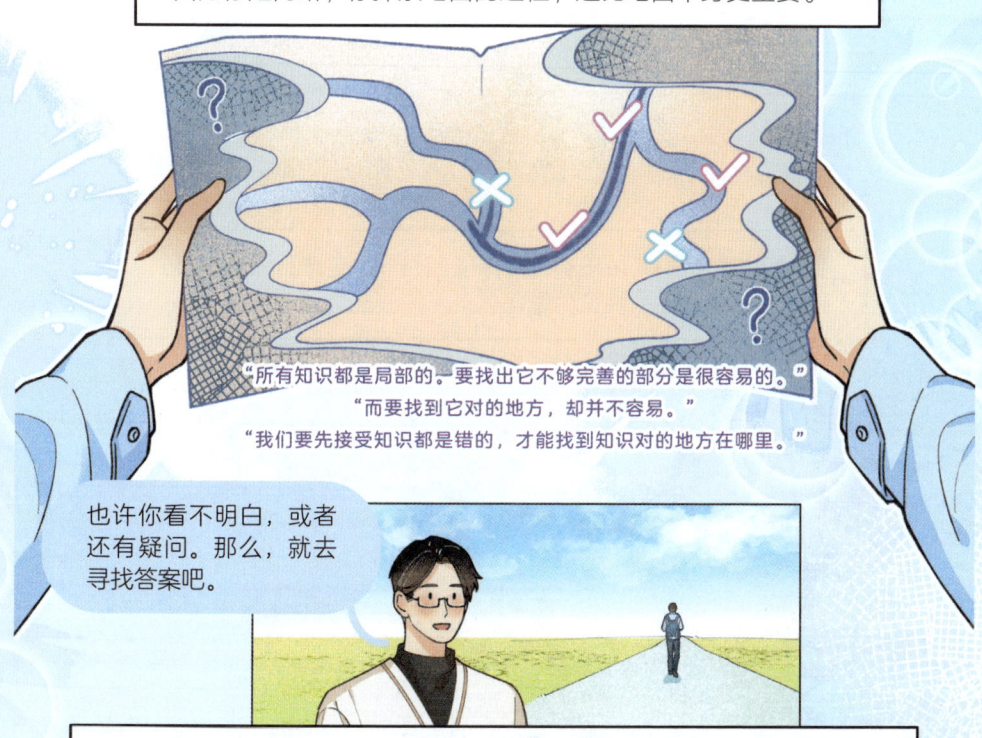

"所有知识都是局部的。要找出它不够完善的部分是很容易的。"
"而要找到它对的地方，却并不容易。"
"我们要先接受知识都是错的，才能找到知识对的地方在哪里。"

也许你看不明白，或者还有疑问。那么，就去寻找答案吧。

记住，知识的价值不在于提供一个确定的答案，而是引发探索的过程。

知识的价值在于引发探索的过程。
我们人生的本质，也在于从生到死的过程。

"人生最后烟消云散，不会留下什么痕迹，但在消失之前，我们要让一切先发生。"
——王小波写给妻子李银河的信

让过程发生，这就是结果的意义。
因为生命会迎来终结，但发生的过程却不会消失。

我们在生命的每个阶段都会有不同的目标，这些目标的意义，也是为了引发生命探索的过程。

所以，别太注重目标和结果的成败，毕竟，最重要的是过程。

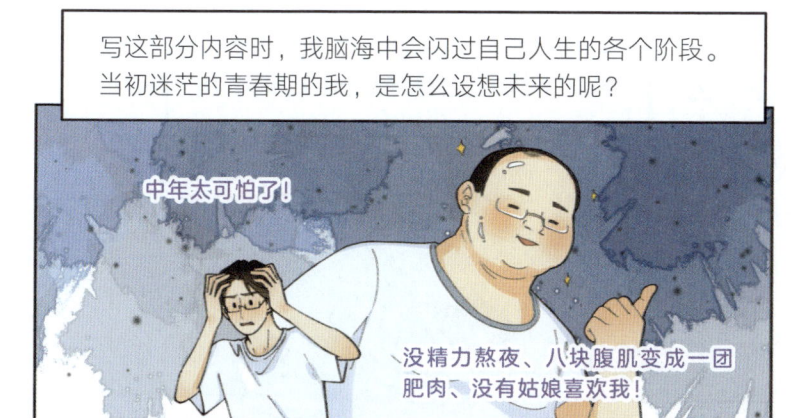

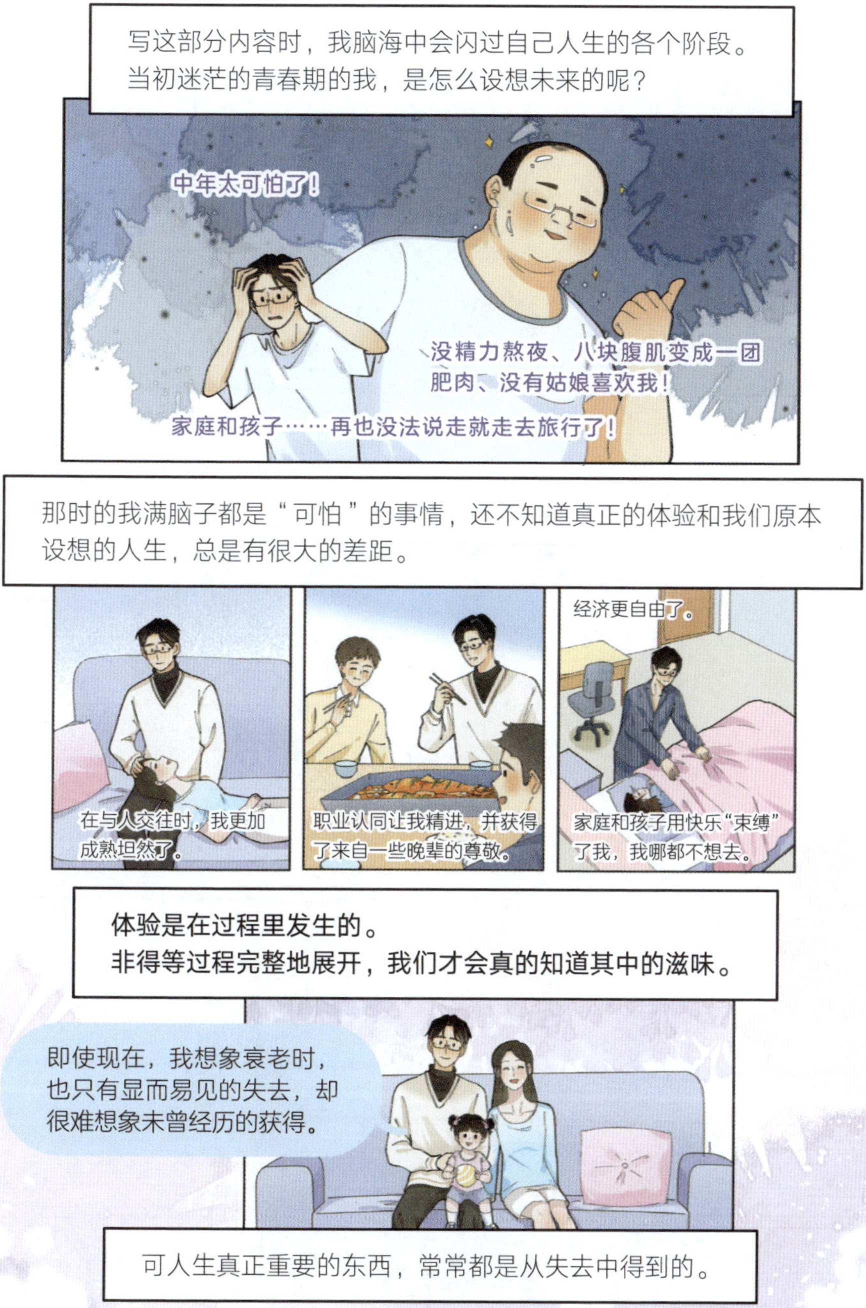

Chapter 46 自我发展：一条不断延伸的路

写这部分内容时，我脑海中会闪过自己人生的各个阶段。
当初迷茫的青春期的我，是怎么设想未来的呢？

> 中年太可怕了！
>
> 没精力熬夜、八块腹肌变成一团肥肉、没有姑娘喜欢我！
>
> 家庭和孩子……再也没法说走就走去旅行了！

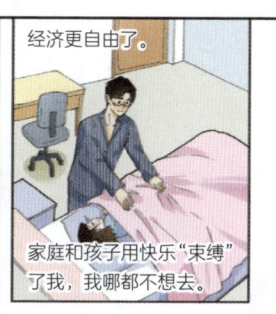

那时的我满脑子都是"可怕"的事情，还不知道真正的体验和我们原本设想的人生，总是有很大的差距。

> 在与人交往时，我更加成熟坦然了。

> 职业认同让我精进，并获得了来自一些晚辈的尊敬。

> 经济更自由了。
>
> 家庭和孩子用快乐"束缚"了我，我哪都不想去。

体验是在过程里发生的。
非得等过程完整地展开，我们才会真的知道其中的滋味。

> 即使现在，我想象衰老时，也只有显而易见的失去，却很难想象未曾经历的获得。

可人生真正重要的东西，常常都是从失去中得到的。

无论 10 年、20 年，还是更久以后，希望我们都不会停下发展的脚步。

也许未来，等你我都经历了很多事，再坐下来聊一聊自我发展吧。

这是一本关于自我发展的书，直到写到此处，我才忽然明白什么是自我发展。

不是有一个"自我"在不停地发展，随着经历的顺境逆境，增增减减。

而是这个发展的过程本身，就叫"自我"。

这本书到此要按下暂停键了,但它不是结束。

正如同自我发展,是一条不断延伸的路。

图书在版编目（CIP）数据

理直气壮爱自己：上下 / 陈海贤著；孟令戈，赖穗娴编绘 . -- 北京：新星出版社，2024.10. -- ISBN 978-7-5133-5787-6

Ⅰ．B848.4-49

中国国家版本馆 CIP 数据核字第 2024KS4189 号

理直气壮爱自己（上下）

陈海贤　著　　孟令戈　赖穗娴　编绘

责任编辑	汪　欣	装帧设计	江雨濛
策划编辑	李高强　战　轶　白丽丽	责任印刷	李珊珊
营销编辑	吴　思　wusi02@luojilab.com		
	王　瑶　wangyao@luojilab.com		

出 版 人	马汝军
出版发行	新星出版社
	（北京市西城区车公庄大街丙 3 号楼 8001 100044）
网　　址	www.newstarpress.com
法律顾问	北京市岳成律师事务所
印　　刷	北京盛通印刷股份有限公司
开　　本	710mm×1000mm　1/16
印　　张	35.25
字　　数	70 千字
版　　次	2024 年 10 月第 1 版　2024 年 10 月第 1 次印刷
书　　号	ISBN 978-7-5133-5787-6
定　　价	118.00 元（全 2 册）

版权专有，侵权必究；如有质量问题，请与发行公司联系。
发行公司：400-0526000　总机：010-88310888　传真：010-65270449